青少年心理自助文库
完美丛书

放弃

放弃延伸芳草路

刘彬彬/著

> 人生决不是投机，也不是赌博，
> 而是内在心灵的充实和自由。

中国出版集团　现代出版社

图书在版编目(CIP)数据

放弃:放弃延伸芳草路 / 刘彬彬著. —北京:现代出版社,2013.11
(青少年心理自助文库)
ISBN 978-7-5143-1626-1

Ⅰ.①放… Ⅱ.①刘… Ⅲ.①人生哲学–青年读物
②人生哲学–少年读物 Ⅳ.①B821–49

中国版本图书馆 CIP 数据核字(2013)第 273503 号

作　　者	刘彬彬	
责任编辑	李　鹏	
出版发行	现代出版社	
通讯地址	北京市安定门外安华里 504 号	
邮政编码	100011	
电　　话	010 – 64267325 64245264(传真)	
网　　址	www.1980xd.com	
电子邮箱	xiandai@ cnpitc.com.cn	
印　　刷	北京中振源印务有限公司	
开　　本	710mm×1000mm　1/16	
印　　张	14	
版　　次	2019 年 4 月第 2 版　2019 年 4 月第 1 次印刷	
书　　号	ISBN 978-7-5143-1626-1	
定　　价	39.80 元	

P 前 言
REFACE

　　为什么当今时代的青少年拥有幸福的生活却依然感觉不幸福、不快乐？又怎样才能彻底摆脱日复一日地身心疲惫？怎样才能活得更真实快乐？越是在喧嚣和困惑的环境中无所适从，我们越是觉得快乐和宁静是何等的难能可贵。其实，正所谓"心安处即自由乡"，善于调节内心是一种拯救自我的能力。当我们能够对自我有清醒认识，对他人能宽容友善，对生活无限热爱的时候，一个拥有强大的心灵力量的你将会更加自信而乐观地面对一切。

　　青少年是国家的未来和希望。对于青少年的心理健康教育，直接关系着下一代能否健康成长，承担起建设和谐社会的重任。作为家庭、学校和社会，不能仅仅重视文化专业知识的教育，还要注重培养孩子们健康的心态和良好的心理素质，从改进教育方法上来真正关心、爱护和尊重他们。如何正确引导青少年走向健康的心理状态，是家庭、学校和社会的共同责任。心理自助能够帮助青少年解决心理问题，获得自我成长，最重要之处在于它能够激发青少年的自我探索的精神取向。自我探索是对自身的心理状态、思维方式、情绪反应和性格能力等方面的深入觉察。很多科学研究发现，这种觉察和了解本身对于心理问题就具有治疗的作用。此外，通过自我探索，青少年能够看到自己的问题所在，明确在哪些方面需要改善，从而"对症下药"。

　　好的习惯将使你成为有成就的人，同样，坏的习惯也将使你一生一事无成。所以切不可小看平时一些微不足道的毛病，一旦养成习惯，将成为你前进路上的绊脚石。这就非常需要我们仔细检查一遍自己的习惯。看看哪些是有益的，哪些是有害的，而后，将有害的改为有益的。哪怕一个小小的改

变,假以时日,必能受益无穷。后天的培养铸就了人们强大的习惯,要树立勤奋是光荣的、努力和坚持不懈终会得到好回报的信心,正所谓好习惯结好果,坏习惯酿恶果。

习惯是所有伟人的奴仆,也是所有失败者的帮凶。伟人之所以伟大,得益于习惯的鼎力相助;失败者之所以失败,习惯同样责不可卸。习惯决定命运。但我们应该明白,习惯不是与生俱来的,它是我们在后天的行为活动中逐步形成的。只有在正确道德意志的驱使下,才能形成良好的习惯。捡起别人忽略的纸屑,扔掉马路上的砖瓦,按时归还借来的东西,学会整理自己的学习用具,学会独立处理自己的事情……这些都需要我们在日复一日的学习与生活当中逐步养成。

所有成功人士都有一个共性,那就是,基于良好习惯构造的日常行为规律。各个领域中的杰出人士——成功的运动员、律师、政客、医生、企业家、音乐家、教育家、销售员,以及其他专业领域中的佼佼者,在他们的身上都有一个共性,那就是良好的习惯。正是这些好习惯,帮助他们开发出更多的与生俱来的潜能。正因为习惯的力量是如此之大,所以我们要养成良好的习惯以有助于成功。

本丛书从心理问题的普遍性着手,分别描述了性格、情绪、压力、意志、人际交往、异常行为等方面容易出现的一些心理问题,并提出了具体实用的应对策略,以帮助青少年读者驱散心灵的阴霾,科学调适身心,实现心理自助。

本丛书是你化解烦恼的心灵修养课,可以给你增加快乐的心理自助术;本丛书会让你认识到:掌控心理,方能掌控世界;改变自己,才能改变一切;本丛书还将告诉你:只有实现积极心理自助,才能收获快乐人生。

C目 录
ONTENTS

第一篇 >>>

放弃人性的弱点，勇敢竞争

自卑是成功路上的拦路虎。因为自信是人生最可靠的资本，能让我们去努力克服困难，排除障碍，争取胜利。

而自卑却使我们停滞不前，坐以待毙。居里夫人曾说过："我们对自己要有信心。一个人只要有自信，那么，他就能成为他希望成为的那样的人。"因为内心的强大，可以稀释一切痛苦和忧愁，能够弥补你外在的不足，能够让你无所畏惧。

因此，一定要把自卑从你的内心深处删除，你才能拥有一个辉煌的人生。

跨越自卑

地球上每一个人多多少少在某些方面不如另一个人或某一些人，他们的生活多多少少受到自卑感毒害。

自卑感之所以会影响我们的生活，并不是由于我们在技术上或知识上的不如人，而是由于我们有不如人的心理。

自卑是危险的。它会使你迷离恍惚，让你看不清自己的能力，认识不到自己。克服自卑就应该坚定信心，不断尝试。也许，改变就在下一次。

有一位妈妈带她的儿子去动物园看大象。大象周围有许多矮矮的木桩，儿子的脑子里就产生了疑问："妈妈，这么大的象，一定很有力气，可是它为什么不挣断这细细的链子逃跑呢？"他妈妈告诉他："这头象刚来到这里的时候还很小很小，当时就用这小木桩、矮棚圈着它，它当时很想挣断链子跑出去，可是由于力气小，每次都失败了，于是就失去了挣脱链子的信心。尽管它一天天长大，但不知道现在自己有很大的力量，用力挣一下，就能逃出来。它不敢这样想，当然也就不会这样去做，因而只好永远被锁在这里，老死在这里了。"

不如人的心理，产生的原因往往是：我们不用自己的"尺度"来判断自己，而用某些人的"标准"来衡量自己。这样便产生愚昧错误的逻辑，产生忧虑感、自卑感，自己认为自己没有"价值"，不配得到成功与快乐。这些都是因为我们接受了"我应该像某某人"的观念，或"我应像其他每一个人"的错误观念。事实上，并没有"其他每一个人"的通用标准，况且

"其他每一个人"都是由个人组成的,世界上没有两个完全相同的人。

　　自从转学来到这所学校,李华开始变得自卑。因为在以前的学校里,大家都是一样的口音、一样的方言,谁也不会笑话谁。可是转学以后,新同学都说着纯正标准的普通话,比她原来学校里的老师说得还好,夹在一群糯米一样柔软的声音里,她总是俺呀俺的,显得是那样格格不入。每次李铭跟在她身后学她,一口一个"俺们那疙瘩",她就不敢再开口说话,最要命的是英语课,老师一叫她朗读课文,大家就会在底下抿着嘴偷偷地乐。

　　另一个原因是衣着。同学们一个比一个漂亮,牛仔裤、镂空衫、公主裙,韩版的雪纺裙,简直可以开时装发布会了。唯有她还穿着以前买的那些色调单一款式陈旧的衣服,像一只灰老鼠,人多的地方不敢去。大家在谈论周董的新歌、韩寒的新书时,她低着头拼命做事,收拾别人丢下的垃圾,替大家拿东西,收集矿泉水瓶子。

　　李华前所未有的失落,小小的自卑像被摇晃过的可乐,稍一触动就会四处流溢。她拼命地收敛自己,尽量不与人交往,尽量不去人多的地方,尽量不与人交流,像一只谨小慎微的小老鼠,一个人独来独往。

　　只有独处的时候才是她最快乐的时光,她的拘谨和木讷会在这一刻里烟消云散。她害怕和同学交往,怕那些嘲笑的目光、讥讽的话语、不屑的轻蔑,这些足以让她受伤,让她逃匿。

　　那天,上英语课时,老师又让她朗读课文,她只好硬着头皮站起来,本来就很重的口音,加上一紧张又开始结巴,原本应该是很好听的朗读,她却读得支离破碎,语速磕磕绊绊和极其严重的口音混在一起,听上去很滑稽。李铭终于忍受不了,他捂住耳朵喊了一嗓子:"别读了,折磨死人不偿命啊!"有人小声附和:"就是,难听死了。"有人低声笑。从此,她落下了后遗症,只要一听到有人在读英语,就会心里发抖,腿肚子就会抽筋。

　　李华暗暗下定决心:谁说我不行? 我还偏要试试,把你培养成央视董卿那样的普通话的水平。李华那普通话的水准怎么练都带着一股泥土的

芬芳,怎么可能会像董卿那样有着风铃一般甜美的声音?

李华真的来了劲头,她没完没了地缠着李铭问这问那;中午吃完饭,别的同学都去操场玩儿,她对着小镜子练口形,把不该卷舌的地方去掉,该卷舌的地方,努力把舌头翘起来,很滑稽,很费劲,但效果也很明显。她不厌其烦地找李铭纠正和补充,李铭居然也很快地进入了角色,担当起老师的重任。

学校举办英语大赛,主持人要从学生中选拔,很多同学都跃跃欲试,李华犹豫了好几天,想报名又不敢,怕同学们笑话。不报名,又觉得失去了一个很好的检验自己的机会。跟李铭说起自己的想法时,李铭惊讶地把嘴张成O型;李华的脸"腾"地红了,一直红到耳朵根。谁知李铭说,我正想跟你说呢,你去试试吧。你的成绩那么好,差距就是普通话不标准,可是经过为师这段时间的强化训练,你也该期满出徒单飞了。

李铭摇头晃脑的样子,让李华好气又好笑,她和李铭击掌为盟,拿出所有的勇气和力量,真的去找老师报了名。

听说李华报了名,很多同学都等着看笑话,谁知正式选拔那天,李华适中的语速、标准的发音,不但让同学们大吃一惊,也让主考的老师大为惊异。李华脱下自卑的外衣,展示的是满满的自信。

不要拿他人的标准来衡量自己,因为你不是他人,也永远无法用他人的高标准来衡量自己;同样的,他人也不该以你的标准来衡量他们自己。只要你了解这个简单的道理,你的自卑感就会消失。与人相比,容易把自己的优点掩盖,只看到自己的缺点。

自卑与自信这两种相反的心理状态是可以转换的。其实不必与别人比高下,因为地球上没有人和你一样,也没有和你同一等级的人。你是一个人,你是独一无二的;你不像任何一个人,也无法变得像某一个人;没有人要你去像某一个人,也没有人要某一个人来像你。

自卑感的产生,不是来自"事实"或"经验",而是来自我们对事实的结论与对经验的评价。例如:你在举重方面不行,或在跳舞方面不行,但

是不代表你是个不行的人,每个人都有自己的长处,也许你的优点你还没有发觉,也许你通过努力会变得比他们更加优越。所以要正确审视自己的缺点和优点,消除自卑感,增加自信心。找回自信,正确认识自己真正的价值。

如果对自己的力量没有最起码的、适度的信心,你是根本不可能获得成功和快乐的。有了自卑感这类心理缺陷,就会妨碍成功的实现。但是,有了恰当的自信心,却能引导你自我实现和获得成功。

一位教育专家曾做了一个实验,将学习成绩较差的班级的学生当作学习优秀班的学生来对待,而将一个成绩优秀的班级当作问题班来教。一段时间下来,他发现情况发生了变化:原来成绩距离相差甚远的两个班级,在实验结束后的总结测验中,平均成绩竟然相差无几。原因就是,老师们不明真相,用对待好学生的态度来对待差班的学生,使学生们的自信心得到鼓励,因而学习积极性大增;而原来的优秀班学生,受到老师怀疑态度的影响,信心受挫,致使学习态度转变,影响了学习成绩。

你是否问过自己:"什么是我最大的弱点?"也许,人类最大的弱点便是自我贬值——自己瞧不起自己。自我贬值的表现多种多样。比如说:某人在报纸上看到一个招聘广告,那正是他朝思暮想的位置。但是,他什么也没有干,因为他想:"我不够资格干这事,为什么要去自寻烦恼?"自古以来,哲学家们便已给我们一个极重要的忠告:认识你自己!但是,大部分人看上去把这一劝告译成是仅仅了解消极的自我。他们过多地看到自己的错误、短处和无能。

知道自己的先天不足是一件好事,因为我们自己毕竟还有缺陷。

但是,如果我们仅仅知道我们消极本质的一面,情况就很糟了。这就会使我们觉得,我们的生活价值不大。这会限制我们的发展,因此,必须努力加以纠正。下面是几个帮助衡量你真正价值的办法:

(1)了解你主要的长处。

请几个客观的朋友来帮助你寻找优点，他们将给予你真实的看法（最常见的优点多与教育、经验、技术、长相、和谐的家庭生活、态度、性格和主动性等有关）。

（2）认识自己的伟大之处。

在每个优点之下，写下三个人的名字，而这三个都是你认识的、已取得极大成功的人；但在某些方面，他们却比不上你做得好。

当你结束这一练习时，你会发现你至少在某个方面超越了许多成功者。

你只能得出这样一个结论：你比你想象中的自我要伟大得多。为此，让你的思想跟上真正的你，再不要瞧不起你自己！

（3）把自己当作世界上最重要的人。

你必须明白，当你了解自己是世界上最重要的人时，那并非自大。当你排除掉生活中琐屑的无关的事，而为你内心的"我"注以应得的关注时，那并非是自负或是自私。

心灵悄悄话
XIN LING QIAO QIAO HUA >>>

看重自己，把自己看成世界上最重要的人，不是自我崇拜，而是全神贯注于自己。你只需顺着正确的发展方向，耐心地做你自己的工作，使自己成长。经过你每天不断地尝试，努力，再度激发你的热情，进而接纳自信的自己。

当断要断，果断行事

人们常说的小心谨慎，三思而后行，不是要我们瞻前顾后、畏缩不前。机遇就像闪电，一闪而过。只有快速果断地采取行动，才能将它捕获。认准了的事情，不要优柔寡断；选准了一个方向，就只管努力，不要迟迟疑疑。有些事情是不能等待的，一时的犹豫，留下的将是永远的遗憾。因此善于果断地解决问题才能赢得更多的机会。

战国时代，楚国令尹（掌握军政大权的大官）春申君黄歇任职期间，有人劝他及早地把一个实力派人物李园除掉。黄歇犹豫不决，优柔寡断，迟迟没有接受劝告，后来反被李园派来的刺客杀死。

一般来说，这种封建士大夫之间的争权夺利，没有任何可取之处。但是，《史记》通过这个故事却揭示出一个千古以来一直被人高度重视的谋略，那就是当断不断，反受其乱。

俗话说："机不可失，时不我待"。面对良机，应该当机立断，果敢地、及时地做出有利于自我的决策。

如何及时地抓住良机呢？这就需要我们具有果断的素质。

有这样一个故事：

一家攀岩俱乐部招聘两名工作人员。进入最后角逐的5男1女6名应聘者，他们被分别领进6个单间，单间里各放着已牢牢地绾结在一起的两条尼龙绳。主考人员宣布：谁先解开那个绳结，也就是说谁先将两条绳子分开，谁就可以进入老板的办公室，接受老板的面试。但时间只有30

分钟，超过时间仍不能解开绳结者，将不再具有面试资格。

最后，只有一男一女坐在了老板的面前。而其他4位男性，有两位还未到规定的时间就已经放弃了；另两位，直到时间结束也没能解开那牢牢的死结。

在老板的办公室里，已准备好用工合同，先进来的就可以签约。原来，那个女的5分钟不到就走出单间，向主考人员借了一只打火机，将那个非常牢固的绳结果断地烧化了；那个男的，刚过10分钟，也走出单间，他向厨师借了一把菜刀，当机立断地将那个怎么也解不开的绳结一劈为二……

或许其他4个人认为这道考题的用意是检验应聘者的手劲或耐心。其实，他们都错了。事后，老板的一番话道破了解绳试题的内在玄机，他说："一个人能不能胜任某项工作，或说能不能完成某项任务，往往不在于他的体能和智力，而是取决于他能不能创造性地进入角色，果断地解决问题。"

对于每个人来讲，要想把握机遇，获得成功，就要有果断的判断能力和决策能力。要知道，机遇从来是不等人的。

说到果断，人们很容易联想到草率、鲁莽。然而，果断绝不是草率，更不是鲁莽。草率和鲁莽是愚昧无知和粗心大意的伴生物；而果断则是对信息做了充分加工，做出十分迅速准确的反应，是快速、平静的深思熟虑。草率和鲁莽与果断是格格不入的。生活中的每个人都需要当机立断，否则，只会贻误"战机"，最终一无所获。

机遇太珍贵了，一定不能失去，否则后悔也来不及。大哲学家培根说过："机会先把前额的头发给你捉，而你不捉以后，就要把秃头给你捉了；或者至少他先把瓶子的把儿给你拿，如果你不拿，它就要把瓶子滚圆的身子给你，而那是很难捉住的。在开端起始时善于抓住时机，再没有比这种智慧更大的了。"所以，当机会到来时，必须毫不犹豫地迅速捕捉；一旦时机成熟，就抓住不放，以免优柔寡断，错失良机。

一位哲人指出："站在河边呆立不动的人，永远也不可能渡过河去。世间最可怜的，是那些做事举棋不定、犹豫不决、不知所措的人；是那些自己没有主意、不能抉择的人。这种主意不定、意志不坚的人，难于得到别人的信任，也就无法使自己的事业获得成功。"

优柔寡断的人，不敢决定每件事，他们拿不准决定的结果是好还是坏，是凶还是吉。有些人的本领不差，人格也好，但就是因为优柔寡断，往往错过了许多好机会，一生也未能成功。而决断的人，即使会犯些小错误，也不会给自己的事业带来致命的打击，因为他们对事业的推动，总比那些胆小狐疑的人敏捷得多。

如果你有优柔寡断的倾向或习惯，你应该立刻下决心改正它，因为它足以破坏你各种进取的机会。在你决定某件事以前，你应该对这件事有个全面的了解。你应该运用全部的常识和理智，郑重考虑，但一经决定以后，就不要轻易反悔。

在做重大决定时摇摆不定、不知所措是一个人品格的致命缺点。具有这种弱点的人，从来不会是有毅力的人。这种缺点，可以破坏一个人对于自己的信赖，可以破坏他的判断力，更会有害于他的事业。

在中国古代分分合合、争权互伐的历史中，有许多著名的以弱胜强、以智胜勇的军事故事。

公元前221年，中国历史上第一个统一的封建王朝秦朝建立。由于秦的统治者倒行逆施、残酷剥削人民，致使民不聊生，人民起义不断爆发。在众多起义队伍中，有两支起义军迅速壮大，一支起义军由楚地大将项羽率领，另一支起义军的首领则是秦国的一个低等官僚刘邦。

项羽性格高傲、刚愎武断，但是他英勇善战，威名远扬；刘邦性格狡诈，却善于用人。项羽和刘邦在抗秦的战争中，结为联盟，互相援助，彼此的势力越来越强大。项羽和刘邦约定，如果谁先攻入秦的都城咸阳，谁就可以称王。

公元前207年，项羽在巨鹿打败秦朝主力大军，而这时，刘邦已经率

军攻破了秦都城咸阳。刘邦听从谋士劝谏，将军队安置在咸阳附近的霸上，没有进入咸阳。他封闭秦王宫殿、钱库等重地，并且安抚咸阳百姓。老百姓看见刘邦待人宽容、军纪严肃，非常高兴，都希望刘邦当秦王。

项羽知道刘邦先进了咸阳，非常愤怒，率领四十万大军进驻咸阳附近的鸿门(今陕西临潼东)，准备抢夺咸阳。项羽的军师范增劝项羽一举消灭刘邦，他说："刘邦以前是个贪财好色的人，现在他进了咸阳后，分文不取，美女也不要，可见是有大图谋，我们应该乘他没有发展起来就杀了他。"

消息传到了刘邦那里，谋士张良认为，目前刘邦的军队只有十万人，势力太弱，不能和项羽正面较量。张良就请好朋友、项羽的叔父项伯去说情。然后，刘邦带着张良和大将樊哙亲自到鸿门，告诉项羽，自己只是看守咸阳，等项羽来称王。项羽相信了刘邦，设宴招待他。范增坐在项羽旁边，几次暗示项羽动手杀刘邦，可是项羽却假装没看见。范增就让大将项庄到酒桌前舞剑助兴，想借机会刺杀刘邦。项羽的叔父项伯赶紧也拔剑陪舞，用身体挡着刘邦，暗中保护他，项庄一直没有得手。张良一看情况紧急，赶紧出去召唤刘邦的大将樊哙。樊哙立刻手持盾牌和利剑，直接闯入军帐，斥责项羽说："刘邦攻下咸阳，没有占地称王，却回到霸上，等着大王你来。这样有功的人，不仅没有得到封赏，你还听信小人的话，想杀自己兄弟!"项羽听了，心中惭愧。刘邦乘机假装上厕所，带着随从跑回霸上自己的军营中。谋士范增看见项羽优柔寡断，放跑了刘邦，非常生气，说："项羽真是不能成大事! 看着吧，将来夺取天下的一定是刘邦。"

这就是中国历史上有名的"鸿门宴"。当时项羽依仗自己势力强大，轻信刘邦，使刘邦得以逃脱。后来，项羽自立为"西楚霸王"，相当于皇帝，他封刘邦到偏僻地区当"汉王"，只相当于诸侯。不久，刘邦趁项羽出兵攻打其他诸侯时，攻占了咸阳。于是，项羽、刘邦就展开了长达四年的"楚汉战争"。楚军在兵力上占很大优势，多次击败汉军，但是项羽性情残暴，统率的部队杀人放火，失去民心，楚军逐渐由强变弱。而刘邦注意收揽民心，善于用人，势力逐渐强大，终于反败为胜。

公元前202年,刘邦率领汉军在垓下(今安徽灵璧县东南)包围楚军。项羽突围后,被汉军追击,被迫自尽。于是刘邦称帝,建立了中国历史上第二个统一的封建王朝——汉朝。

不管是想成就一番大的事业,还是要在小事上做出抉择,都要有果决的魄力,否则就容易丧失很多机会。

心理学家发现,多数人都害怕决策失误。这种担忧有三个主要原因:

一是希望永远正确。有些人在诸如去看哪场电影、看哪个电视节目或去哪里度假之类小事上都不能下决心,是因为他们过于担心会犯错误。并非因为决策事关生死,而只是因为人们不能容忍犯错误。

二是混淆客观事实和主观想法。多数决定均需以客观事实为据,也有很少一部分可根据主观感觉。如果不能分清两者,则很难做出理性的决策。

三是担心永远承担义务。有些人认为决策是一成不变、不可撤销的。这不正确。假如你决策失误,最简单的方法就是重新决策加以改正。

有学者指出,实践加经验才能造就果断。想要学会怎样做出正确决策,你应遵守下列准则:

(1)学会对自己行为自信,不要延误,不要拐弯抹角。

(2)弄清事实后再下决心,然后十分自信地下达命令。

(3)给自己规定一个合理的决策期限。具体的期限可迫使你掌握事实。

(4)尽量限制选择范围。比如你在挑选新地毯,由于选择面太宽,不知应选哪一块,这时就要缩小范围。方法是每次只看三块,挑出一块最好的,然后再看另外三块,挑出其中最好的,依次挑下去,之后把选出的最好的毯子放在一起,再重复同一程序直到最终只剩下一块为止。你可用同样方法挑选西服、鞋袜、外套、领带等等。

(5)重新检查已做的决定,看看是否稳妥及时。

(6)分析他人所做的决定。假如不同意,就要确定不同意的原因是

否稳妥，合不合逻辑。

（7）开阔眼界。方法是研究他人的行为，从其成功或失败中获益。

（8）不要小题大做。要为重大决策积蓄能量，不要为决定晚饭吃萝卜还是白菜而大伤脑筋。放弃急躁，从容地面对生活。

心灵悄悄话
XIN LING QIAO QIAO HUA >>>

不能做决定的人，固然少了做错事的机会，但也失去许多成功的机遇；机遇不会总有的，当有机遇时一定要及时抓住；想法与行动之间有距离，有想法了就应尽快行动。一定要放弃犹豫，培养当机立断的能力。

不要冲动,理智地面对一切

　　人在发怒时,交感神经兴奋,肾上腺素分泌增加,会引起一系列身体变化,如肌肉紧张、毛发竖起、鼻孔开大、横眉张目、咬牙切齿、紧握双拳……总之是调动了身体里所有的能量储备,这时的人就好比是一个炸药桶,稍不冷静,其后果是不堪设想的。

　　俗话说:"一碗饭填不饱肚子,一口气能把人撑死。"如果我们遇事也如同野马那样,不能控制心态,不能理智、冷静地面对一切,就很有可能自找麻烦。

　　刘备、关羽、张飞三人生死与共,齐心协力,从寄人篱下到打下了一大片江山,事业上是"芝麻开花节节高"。可是,这一份伟业从关羽走麦城开始,由盛转衰——关羽大意失了荆州,被吴国生擒斩首;然后,张飞被部下暗杀遇害;最后,又有刘备七十万大军被东吴的一把火烧尽。这一连串的"倒霉事",就是因为三兄弟的冲动。关羽的狂妄自大,为他失败埋下了伏笔;张飞为关羽报仇心切,心情失控,以鞭打部下来发泄其情绪,导致被害;最后,稳重的刘备也失去了理智,顾不得孔明等人的苦苦规劝,执意伐吴,结果导致惨败,最终落了个白帝城殒命的结果。

　　亚里士多德有一句名言:"发脾气是值得赞扬的。但你必须做到:在适当的场合,向正确的对象,在合适的时刻,使用恰当的方式,因为公正的理由而发脾气。"这位哲学家其实就是在告诫我们,要学会控制自己的冲动情绪,不要因一时冲动而使自己变成情绪的奴隶,不是别人害苦了你,

而是自己害苦了自己。

在非洲草原上，吸血蝙蝠在攻击野马时，常附在马腿上，用锋利的牙齿极敏捷地刺破野马的腿，然后用尖尖的嘴吸血。无论野马怎么蹦跳、狂奔，都无法驱逐这种蝙蝠，蝙蝠却可以从容地吸附在野马身上，直到吸饱吸足，才满意地飞去。而野马常常在暴怒、狂奔、流血中无可奈何地死去。

但害死野马的不是吸血蝙蝠，而是野马自己。动物学家们经过研究发现，吸血蝙蝠所吸的血量是微不足道的，根本不会让野马死去；让野马死亡的真正原因，是它暴怒狂奔的性格所致。

"急则有失，怒则无智"，遇事冲动、动辄发怒，既有损身体健康，又让人丧失理智，做出一些疯狂的举动，让人失去金钱、友谊甚至生命。同时，经常冲动，心脏、大脑、肠胃都会受到损害，严重者甚至会致人殒命。由此看来，冲动实在是有百害而无一利、损人又不利己的愚蠢行为。

喜怒哀乐，乃人之常情。顺心的时候，沾沾自喜，面露笑容；遇到烦恼的时候，愁眉不展，忧心忡忡；伤心的时候，鼻子发酸，甚而失声痛哭；遇激愤之事，怒火冲天，满面怒容。

但是，人的感情是具有社会属性的情绪或情感，它受理智的控制和调节，感情的表现必须符合特定历史时期的社会规范或风俗习惯。如果任凭感情自然发展和显露，不系之以理智的大绳，干出违背社会规范或风俗习惯的事来，那就是冲动之下的感情用事了。

如何避免冲动，克服"感情用事"的毛病呢？不妨尝试运用以下几种方法：

（1）自我暗示法。

人具有对自己的主观世界或心态进行知觉的能力。当人们知觉到自己属于"感情用事"者时，就应当有意识地加以改正。遇到愉快或烦恼之事处于激情状态时，就应该进行自我暗示："我有感情用事的毛病"，"不能再轻举妄动，应当冷静下来仔细分析，理智地对待此事"。通过自我暗

示,达到产生"压抑作用"的效果。即把不被社会允许的念头、情绪情感和冲动,在不知不觉中压抑到无意识中去。这是克服"感情用事"毛病的最基本的方法。

(2)反向作用。

即自我为了控制或防御某些不被允许的感情冲动,而有意识地做出相反方向的举动。比如,同事之间闹矛盾,总想发泄自己的不满情绪,或吵架或打斗,但这只能使关系越来越糟。如果相反,暂时强迫自己对对方好一些,更关心礼让一些,对方就会改变态度。待双方冷静后,两人再沟通,不满情绪就消失了,就不至于闹到誓不两立、不可开交的地步。

(3)进行理智的思考。

有一句流传颇广的话,说"最可怕的敌人是自己",这句话的变体还有"最难以战胜的是自己"。在西方有这样一句名言:"所谓理智,只不过是思考的结果。"

很多的时候,我们的第一个念头只不过是来自大脑"尚未思考"或者"尚未思考清楚"的冲动而已。而这样的时候,如果我们听从了这个念头,很可能结果就是所谓的"被自己打败了"。而如若我们居然可以坚持启动思考,或者坚持思考下去,最终得到的可能就是深思熟虑的成熟结果,这样的时候,我们就战胜了自己。

当我们面临重要决策的时候,为了避免冲动,不妨参考下面的建议:

拿出纸笔,真实而又详细地把当时的想法记录到一张纸的左半边;

在这些文字之前加上一句话:"我的大脑告诉我的是……"

在右半边写上一句话:"我想知道我的心智能告诉我什么……"

而后,尽量在右半边的这句话之下接着写下去。想到什么就写什么,写得越多越好……

当我们把想法写出来,然后在此之前加上"我的大脑告诉我的是……"这句话的那一瞬间,我们开始不由自主地区分"冲动"和"心智"。更为重要的是,在这一瞬间,我们开始意识到冲动的存在以及思考的必要。

此法无比简单，却在实际生活中无比重要。许多人一生真的都是在"跟着感觉走"，最终吃了大亏却毫无察觉。而一旦开始习惯这种方法，渐渐地就不必再在纸上罗列，而是"凭直觉"就知道自己应该"再想想"。于是，就避免了冲动。

但一个人如果经过深思熟虑，并想彻底地实行这一决定时，那么在行动上就没有任何必要再踌躇。威·布莱克曾说过这样一句名言："谨慎毫无用处，除非再加上果断。"也就是说，认准的事情就去做。

有的人面对困难，左顾右盼，顾虑重重，看起来思虑全面，实际上茫无头绪，不但分散了同困难作斗争的精力，更重要的是，会销蚀同困难作斗争的勇气。果断性在这种情况下，则表现为沿着明确的思想轨道，摆脱对立动机的冲突，克服犹豫和动摇，坚定地采纳在深思熟虑基础上拟定的克服困难的办法，并立即行动起来同困难进行斗争，取得克服困难的最大效果。

有一个6岁的小男孩，一天在外面玩耍时，发现了一个鸟巢被风从树上吹掉在地，从里面滚出了一个嗷嗷待哺的小麻雀。小男孩决定把它带回家喂养。

当他托着鸟巢走到家门口的时候，他突然想起妈妈不允许他在家里养小动物。于是，他轻轻地把小麻雀放在门口，急忙走进屋去请求妈妈。在他的哀求下妈妈终于破例答应了。

小男孩兴奋地跑到门口，不料小麻雀已经不见了，他看见一只黑猫正在意犹未尽舔着嘴巴。小男孩为此伤心了很久。但从此他也记住了一个教训：只要是自己认定的事情，决不可优柔寡断。这个小男孩长大后成就了一番事业，他就是华裔电脑名人——王安博士。

果断的性格，能够帮助我们在执行工作计划和学习计划的过程中，克服和排除同计划相对立的思想和动机，保证善始善终地将计划执行到底。

思想上的冲突和精力的分散，是不果断的人的重要特点。这种人没

有力量克服内心矛盾着的思想和情感,在执行计划过程中,尤其是在碰到困难时,往往长时间地苦恼着怎么办,怀疑自己所做决定的正确性,担心决定本身的后果和实现决定的结果,老是往坏的方面想,犹犹豫豫,因而计划老是执行不好。

而果断的性格,则能帮助我们坚定有力地排斥上述这种胆小怕事的、顾虑过多的庸人自扰,把自己的思想和精力集中于执行计划本身,从而增强了自己实现计划、执行计划的能力。

果断的性格,可以使我们在形势突然变化的情况下很快地分析形势,当机立断,不失时机地对计划、方法、策略等等做出正确的改变,使其能迅速地适应变化了的情况。而优柔寡断者,一到形势发生剧烈变化时就惊慌失措,无所适从。他们不能及时根据变化了的情况重新做出决策,而是左顾右盼,等待观望,以至坐失良机,常常被飞速发展的形势远远抛在后面。

可见,果断的性格无论是对任何人,无论是对于工作还是对于生活和学习,都是必要的。

果断的性格,产生于勇敢、大胆、坚定和顽强等多种意志素质的综合。因此果断并不等于轻率。

有人认为,果断就是决定问题快。实际上,在情况不要求立即行动,或者对于行动的方法和结果未加足够的考虑就仓促地采取决定,这并不是果断,而是轻率、冲动和冒失,是意志薄弱的表现。这种表现在优柔寡断的人身上可以观察出来,因为深思熟虑对于一个优柔寡断的人来说,乃是一个复杂而痛苦的过程。

所以,他们总想力求尽快地从其中解脱出来,他的行动常常是仓促、急躁和莽撞的。果断的人采取决定时的迅速,和意志薄弱的人的仓促决定毫无共同之处。

必须把果断和武断加以区别。有的人刚愎自用,自以为是,遇到事情既不调查研究,也不深思熟虑,就说一不二地定下来,贸然地干将起来。从表面看,好像果断得很,可实际上却同果断南辕北辙。

果断并不排斥深思熟虑和虚心听取别人意见。恰恰相反，正因为多想、多问、多商量，才能使人们对事情更有把握，从而更加果断。自以为是、主观臆断的人，有果断的外表，无果断的实质，往往把事情办坏，是我们应当努力加以避免的。

心灵悄悄话
XIN LING QIAO QIAO HUA >>>

果断的人在采取决定时，他的决定开始时也许不是万无一失的，也许只不过是诸方案中较好的一种，但是在执行过程中，可以随时依据变化了的情况对原方案进行调整和补充，从而使原来的方案逐步完善起来。

怯懦是成功的敌人

一位著名心理学家说,怯懦是成功的敌人,超级对手。怯懦阻止人利用机会,破坏人的身体器官的功能,耗损人的精力,使人生病、短命。怯懦是一种心理气质,它能解释为什么会有经济衰退,为什么有那么多的凡人不能成功,在遭受挫折后没有收获,不能过上快乐的生活。

也许你总是没有主见,在生活中喜欢随波逐流。你对别人的依赖性很强,别人说什么,你就附和什么;别人干什么,你也跟着干什么。在你眼里,如果没有群体,你简直不知道该怎样生活。你平时总是"想别人之所想",你所做的也只不过是别人的旨意,你不知道为什么要那样做,只知道那是别人让你做的。

其实,你并非为别人而活着,你是属于自己的。你完全没有必要按别人的方式生活,你完全可以有自己的独立空间。

怯懦是一种比较顽固的消极心理,一下子克服它比较困难,它要长久地勇敢地进行自我的心性锻炼,它需要你敢于肯定自我;敢于否定自我;敢于超越自我。

肯定自我的人,他会鼓起前进的勇气,看到光明的前程;否定自我的人,他会认识自己的不足,看到努力的方向;超越自我的人,他会摆脱世俗的束缚,得到崭新的自我。

性格懦弱、有依赖心理的人,他们遇事没有自恃之心,首先想到别人、追随别人、求助别人,人云亦云、亦步亦趋,不敢相信自己,不能自己决断,不敢自己主张。在家中依赖父母、依赖爱人;在外面依赖同事、依赖上司,不敢轻易表现自己,不敢创造自己,害怕独立自己。有依赖心理的人,不

能独立办成任何事情，他仍然停留在童稚阶段，无从谈起操纵和把握自己的命运，他的命运只能被别人操纵。只因为他软弱无能，只因为他的心里只相信别人，不敢相信自己，更不敢胜于他人。因此，有依赖心理的人办事四处碰壁，不被信任、不受欢迎，遭人嘲讽。

怎样战胜懦弱性格，培养肯定自我的心态呢？你不妨照着下面的建议去做：

（1）当你在心理上感到被人操纵时，向那人说出你的感受，并说明你希望怎样去做。

（2）写下你自己的独立宣言，详细说明你要怎样处理一切关系，并不是要消除妥协，而是要消除被人操纵的窘态。

（3）自己订下5分钟的目标，如何去对付生活中支配你的人。试着说"我不要"。试试看你这样说，对方有何反应。

（4）去做一些自己喜欢的工作，去主动照顾小孩，或去做待遇不一定很好的工作，下决心摆脱你所扮演的依赖角色。要知道，重新拾回你的自尊与自信，花费任何金钱或时间都值得。

（5）认清你有隐私的欲望，不必凡事都要别人参与。你是独立的，而且有隐私权的。若你觉得你凡事必须有别人参与，你就无所选择，当然你就成了一个依赖者。

心灵悄悄话
XIN LING QIAO QIAO HUA >>>

懦弱的人只会裹足不前，莽撞的人只能引火烧身，只有勇敢的人才能所向披靡。歌德说："你若失去了财产——你只失去了一点；你若失去了荣誉——你就丢掉了许多；你若失去了勇敢——你就把一切都丢掉了。"

要坚强,不要半途而废

不管是工作还是生活,来自各方面的伤害或者打击都在所难免,你要做到的是放弃脆弱,强化自信,决不能轻易就被打垮。

德国有句谚语,叫作"无终不如无始"。这句谚语告诉我们,做任何事情,都要坚持到底,不可半途而废。

不能坚持到终点的人,不可能达到人生的目标;不能坚持到终点的人,甚至不能取得阶段性胜利。善始而不能善终的人,谈何成败!

在困难面前退缩,或是在挫折面前失去信心,或是在持久战中失去耐心,都会使你半途而废。

东汉时,有个名叫乐羊子的人,没有远大志向。他有一个贤惠聪明的妻子,经常勉励他上进。人们都不知她叫什么名字,只知道是乐羊子的妻子。

一天,乐羊子在路上拾到一块金子,回家后把它交给妻子。妻子说:"我听说有志向的人不喝盗泉的水,因为它的名字令人厌恶;也不吃别人施舍而呼唤过来吃的食物,宁可饿死。更何况拾取别人失去的东西。这样会玷污品行。"乐羊子听了妻子的话,非常惭愧,就把那块金子扔到野外,然后到远方去寻师求学。

一年后,乐羊子归来。妻子跪着问他为何回家,乐羊子说:"出门时间长了想家,没有其他缘故。"妻子听罢,操起一把刀走到织布机前说:"这机上织的绢帛产自蚕茧,成于织机。一根丝一根丝地积累起来,才有一寸长、一寸寸地积累,才有一丈乃至一匹。今天如果我将它割断,就会

前功尽弃，从前的时间也就白白浪费掉了。"

妻子接着又说："读书也是这样，你积累学问，应该每天获得新的知识，从而使自己的品行日益完美。如果半途而归，和割断织丝有什么两样呢？"

乐羊子被妻子说的话深深感动，一连七年没有回过家，终于完成了学业。

如果你问一个半途而废的人，成功的喜悦如何？那他的回答只能是"不知道"。

如果你问一个半途而废的人，失败的滋味怎么样？那他的回答只能还是"不知道"。

没有成功的风光，没有失败的悲壮，对于半途而废的人来说，只有有始无终的耻辱和遗憾。

只有坚持不懈的人，才有可能取得成功。但是，坚持不懈的更深层意义，绝不仅仅限于成功。比如长跑比赛，要比赛就会有胜负。率先冲过终点的人，当然值得庆贺，但明知夺冠无望而努力不止的人，更值得尊重。

人生最大的遗憾是什么？是失败吗？不是。人生最大的遗憾是：终其一生而没有不屈不挠地奋斗过。

人生最强的意志力在于：决不轻言放弃。如果你从未被艰难困苦吓倒，那么当你走尽人生道路的那一刻，你才可以说，你问心无愧！

世界上没有一帆风顺的事。任何事业的成功，离开了艰难困苦和挫折、失败的孕育，都是不可能的。只有那些不为失败所击倒，愈挫愈奋、屡败屡战的人，才能最终获得成功。

历史上，平庸者成功和聪明人失败一直是一件令人惊奇的事。通过仔细分析发现，出现这个现象的原因在于，那些看似愚钝的人有一种顽强的毅力，一种在任何情况下都坚如磐石的决心，一种从不受任何诱惑、不偏离自己既定目标的能力。相反，那些聪明却不坚定的人，往往没有一个明确目的，四处出击，遇到困难就躲，经常半途而废，结果分散精力，浪费

才华。

努力战胜懦弱、培养坚强的性格是成就大事业的基础。坚强的性格，首先表现在不怕挫折和失败，能够经受数十、数百乃至成千次挫折和失败的打击，而能矢志不移、不屈不挠。有的人渴望成为强者，但却经受不住失败的打击。他们经过一阵子的奋斗，遭到一次乃至几次失败后，便偃旗息鼓、罢手不干了，因而最终只能和一事无成的弱者为伍。

心灵悄悄话
XIN LING QIAO QIAO HUA >>>

在人生的道路上，谁都会遇到困难和挫折，就看你能不能战胜它们。契诃夫说："困难与折磨对于人来说，是一把打向坏料的锤，打掉的应是脆弱的铁屑，锻成的将是锋利的钢刀。"人处逆境时，适应环境的能力实在惊人。人可以忍受不幸，也可以战胜不幸。因为人有着惊人的潜力，只要立志发挥它，就一定能渡过难关！关键是一定要从内心放弃脆弱。

坚持不懈的精神

一位哲人说过，人生就是一部纪录片：你每时每刻都在这里拍摄着自己生命的影片。在将来的某一天你将会走进天堂。你会在天堂的电影院中找到一个座位，坐下来观看记录了你一生的这部电影——它将在世界上最大的银幕上放映。想象一下，当你也观看"我的一生"的时候将会是什么样子？当电影结束时你将有何感想？你将会为它感到自豪吗？你能否在心里肯定，主角是为了正确的理由去追求正确的目标吗？你会思考，到底为什么银幕上的那个人会做出那样的选择呢？你会不会发现自己当时应该做出更佳的选择呢？……

为了避免将来遗憾，你应该在今天——人生的每一天，都进行必要的努力！

昨天的电影已经结束了。我们日复一日所做出的决定，我们为自己设立的目标，和我们为实现目标所付出的行动——这些才是影响我们今后将要拍摄的电影的情节。

当史蒂芬·斯皮尔伯格拍一部新的惊险片的时候，他绝不会先周游世界；拍摄完脚本中需要的每一个镜头，然后才坐下来从头到尾地看每一段胶片。那种拍电影的方法非常危险！斯皮尔伯格担心，那样可能直到整个过程结束，才发现一幕中的情节与另一幕中的对不上号——那时候再问自己，为什么在苏门答腊和演职员在一起的时候没有发现这个问题？显然已经为时过晚。

直到最后一分钟才去检查整个影片是很危险的。相反，一个好的导

演,每天都会检查样片。从前面电影的片段会反映已经完成的工作。通过察看每天的样片,就可以对最终组成一部你预想中电影的各个独立片段进行评价。

如果你直到最后才查看你的样片,那么你是不可能拍出一部好电影的。这个原则同样适用于你生命的影片!

一个试图避免一辈子庸庸碌碌的人,也要学着安排好自己的每一天,并对已经过去的一天中的"拍摄计划"完成情况进行提问。每一天,在某些时候,我们都需要问自己:"刚才发生了什么?什么促使我向目标前进?什么让我离自己的目标越来越远?什么是有效的?我如何使那些有效的行动继续下去?……"

更重要的问题是:"昨天的生活中我得到的最大的教训是什么?"如果你能把它搞清楚,你就可以问自己:"我从这个教训中学到了什么?今天我该怎么做?"——每天都有进步、有提高,正是成功人士之所以取得杰出成就的最大秘诀。

观看你自己每天的样片和监督你自己每天都做出一点成绩,坚持下去,就会帮助你去实现预期的目标。

有两个学生,他们在同一间教室,有同一位老师教,每天做同样的作业;不同的是,一个上课专心听讲、积极发言、经常做笔记,而另一个上课心不在焉,常常搞小动作、骚扰周围的同学。时间就这样日复一日地过去了,期末考试结束之后,前面那位同学考试得了100分,而后面那位同学只得了50分。同一间教室,同一位老师教,每天做同样的作业,为什么考试的效果却不同呢?因为一个付出了100%的努力,所以得了100分;而另一个只付出了50%的努力,所以只得了50分。这就是一分耕耘一分收获的道理:你付出了多少努力,就会得到多少回报。

古今中外,凡成就事业、有所作为者,无不是辛勤耕耘者。一代书圣

王羲之成名前潜心苦练，竟把一泓清池染成墨色；数学家陈景润为破解哥德巴赫猜想之谜，单单用于推导验算的草稿纸就塞满了几十个麻袋；马克思写《资本论》用了40年；司马迁编《史记》历时20多年；达尔文用了22年写完《物种起源》；哥白尼用了27年完成《天体运行论》；丰子恺花了长达45年的光阴完成了弘一大师的遗愿《护生画集》……这些名人志士的惊世之作，正是日复一日、年复一年辛勤耕耘的丰厚回报。

明朝万历年间，皇帝决心整修万里长城。当时号称天下第一关的山海关早已年久失修，其中"天下第一关"的题字中的"一"字，已经脱落很久。皇帝希望恢复山海关的本来面貌，就许诺，不管谁写的字被中选了，就能够获得重赏。结果最后中选的，不是各地的书法名家，竟是山海关旁一家客栈的店小二，真是让人跌破眼镜。原来，店小二每当在擦桌子时，就望着对面牌匾上的"一"字，在擦桌子的一来一去中，他实际上是在写这"一"字。如此练习了30年，熟能生巧、巧能生通，他写的这个"一"字自然就高出了很多书法大师。

农夫每天在田里面辛苦地灌溉、施肥、除草，这样就会有一个好收成。如果将种子种进地里面之后，就不再去侍候，庄稼地里就会杂草丛生、一片荒芜，到了收获的季节就会大失所望。我们干工作也是这样，只有辛勤工作，才会有收获的喜悦。天上不会掉馅饼，只有靠自己的努力才可以换取成功的到来！

心灵悄悄话
XIN LING QIAO QIAO HUA >>>

为了改写平凡的人生，一定要放弃浮躁，养成循序渐进的习惯，每天进步一点点，就是成功的开始！每天创新一点点，就是卓越的开始！

敢于在必要时适当地冒险

每个人都希望能抓住一个机会，使自己生活得更好，不管改变的是生活形态、我们的性格或是人际关系。要过日子就要冒险。如果我们从不冒险一试，那我们一生也不过随波逐流，随时会有大浪头来把我们给打下去。

而且，对许多人来说，平平顺顺的生活简直乏味得难受。偶尔不按牌理出牌，或许可为生活增添新意。

人生每个层面多少都带着一点儿冒险：健康、人际关系、生意、谋职等都是。冒险并不是做了什么天大的抉择，而是咬紧牙关，不管多么困难，一心要有赢的决心。生活的趣味也源自于此。

从另一个角度来说，每个人的每一天都面临着冒险，除非我们永远扎根在一个点上原地不动。的确，当冒险的结果不太令人满意的时候，人们常常会说："还是躺在床上保险。"

有很多人似乎都习惯于"躺在床上"过一辈子，因为他们从来不愿去冒险，不管是在生活中，还是在事业上。但是，当我们横穿马路的时候，实际上总是有着被车撞倒的危险；当我们在江河湖海里游泳的时候，也同样有着被卷入逆流或遭遇风浪的危险。尽管统计数字表明坐飞机比乘汽车要安全一些，但我们的每一次飞行仍然包含着冒险。毕竟我们必须依赖于飞机牢固的构造及其良好的性能；如果不是由自己驾驶的话，我们还必须寄希望于飞行员和整个机组。总之，任何地方的旅行都潜藏着冒险，小到丢失自己的行李，大到作为人质，被劫持到世界的某个遥远角落。

自有文字记载以来，冒险总是和人类紧紧相连的。虽然火山喷发时

所产生的大量火山灰掩埋了整个村镇，虽然肆虐的洪水冲走了房屋和财产，但人们仍然愿意回去继续生活，重建家园。飓风、地震、台风、龙卷风、泥石流以及其他所有的自然灾害，都无法阻止人类一次又一次勇敢地面对可能重现的危险。

有一句老话，叫作"一个人不懂得悲伤，就不可能懂得欢乐"。同样，我们也可以说"没有冒险的生活是毫无意义的生活"。事实上，我们总是处在这样那样的冒险境地，因为我们别无选择。我们必须要横穿马路才能走到另一边去；我们也必须依靠汽车、飞机或轮船之类的交通工具，才能从一个地方到达另一个地方。但是，这并不意味着所有的冒险都毫无区别，恰当的冒险与愚蠢的冒险有着明显的不同。

如果我们想放弃保守思想而不"逾矩"，如果我们渴望成功，就应该分清这两种类型的冒险之间到底有什么样的差异。一位成功的推销员指出："举例来说，那种只在腰间系一根橡皮绳，就从大桥或高楼上纵身跳下的做法，是一种愚蠢的冒险，即使有人很喜欢那样做。同样，所谓的特技跳伞，所谓的钻进圆木桶漂流尼亚加拉大瀑布，所谓的驾驶摩托车飞越并排停放的许多辆汽车，在我看来，它们都是愚蠢的冒险。只有那些鲁莽的人，才会干这种事情。尽管我知道有人不同意我的看法（包括杂技团表演走钢丝或荡高空秋千的艺术家们）。"

那么，什么是恰当的冒险呢？比如，职员走进老板的办公室，要求增加薪水，这就是一种恰当的冒险。他可能会得到加薪，也可能不会，但"没有冒险，就没有收获"。

一个人放弃高薪，转做一份收入较低的工作（因为后者有更加光明的发展前景）也是一种恰当的冒险。他也许能找到这样的新工作，也许找不到；他也许后悔离开了原来的位置。但是如果他安于现状，不敢于冒险，他永远也不会知道是否可以有一个更好的明天。

无论在事业或生活的任何方面，我们都可能需要尝试恰当的冒险。当然，在冒险之前，是要权衡利弊之后做出，是智慧和勇敢的行动，否则冒险就是一种蛮干，蛮干的结果可想而知。

在生活中还有一些人怕冒险,对于这类人我们尝试一些办法,让他们客服心理障碍,培养冒险的精神。

(1)积极尝试新事物。

在生活中,由无聊、重复、单调而产生的寂寞会逐渐腐蚀人的心灵。相反,有意识地消除一些单调的常规因素,倒会使我们避免精神崩溃。积极尝试新事物,能使一蹶不振、灰心失望的人重新恢复生活的勇气,重新把握住生活的主动权。

(2)尝试做一些自己不喜欢做的事。

屈从于他人意愿和一些刻板的清规戒律,已成为思想保守者的习惯,以至于使他们误以为自己生来就喜欢某些东西,而不喜欢另一些东西。应该认识到,我们每天都在重复自己,是由我们的懦弱和没有主见养成的。如果我们尝试做一些自己原来不喜欢做的事,就会品尝到一种全新的乐趣,从而慢慢从老习惯中摆脱出来。

(3)不要总是订计划。

缺乏自信的人相应地缺乏安全感,凡事希望稳妥保险。然而,人的一生是根本无法订出所谓清晰的计划的,其中有许多偶然的因素在发生作用。有条有理并不能给人带来幸福,生活的火花往往是在偶然的机遇和奇特的直观感觉中迸发出来的。只有欣赏并努力捕捉这些转瞬即逝的火花,生活才会变得生气勃勃,富有活力。

(4)要试着去冒一些风险。

冒险是人类生活的基本内容之一。没有冒险精神,体会不到冒险本身对生活的意义,就享受不到成功的乐趣,也就无法培养和提高人的自信心。自信在本质上是成功的积累。因此,瞻前顾后、惊慌失措、避免冒险,无疑会使我们的自信丧失殆尽,更不用指望幸福快乐会慷慨降临。

所谓的冒险,并不仅仅是指征服自然,跨入未知的境地。在人类社会,我们会和种种不合理的习惯势力、陈规陋习狭路相逢。如果我们坚持按照自己的意见行事,那么,我们就在很大程度上冒了风险。甚至我们想要小小改变一下自己的生活方式,同样也在冒险之列。关键是看我们是

否敢于试一试，是否能够把自己的想法贯彻到底。

假如生活中未知的领域能够引起我们的激情，并使我们做好"试一试"的心理准备，那么，每克服一个困难，我们就增添了一分自信。

（5）不要低估自己的潜力。

很多人自诩有自知之明，但是，他们所"知"的不少东西其实并非真知，而只是一些谬误，是限制自己手脚的框框。这种信条，乃是限制发挥高水平自我走向成功的最大障碍，也限制了他们同环境的抗争。

心灵悄悄话
XIN LING QIAO QIAO HUA >>>

竞争优势的秘诀是创新，对于公司是如此，对于个人也是如此。对于创新来说，方法就是新的世界，最重要的不是知识，而是思路。要想获得新思路，就要放弃过于重视传统的经验、本能地排斥新生事物的保守思想。记住：稳健不是保守，创新不是随便冒险。

第二篇 >>>

放弃坏习惯，走向卓越的人生

　　成功人士也不一定有超人的智慧，他们却一定是训练有素、技巧纯熟、准备充分的；成功人士不一定比那些不成功的人付出的更多，但他们却具有比一般人更为坚定的决心，同时他们做起事情来比别人有更高的效率、更具条理性。你知道吗？所有的这一切，都是良好的习惯带来的！

　　美国心理学者威廉·詹姆斯有一段对习惯的经典注释："种下一个行动，收获一种行为；种下一种行为，收获一种习惯；种下一种习惯，收获一种性格；种下一种性格，收获一种命运。"

养成细心的习惯

水温升到99℃，还不是开水，其价值有限；若再添一把火，在99℃的基础上再升高1℃，就会使水沸腾，并产生大量水蒸气来开动机器，从而获得巨大的经济效益。100件事情，如果99件事情做好了，一件事情未做好，而这一件事情就有可能对某一单位、某个人产生百分之百的影响。

我们工作中出现的问题，的确只是一些细节上做得不完全到位。而恰恰是这些细节的不到位，常常会造成较大影响。对很多事情来说，执行上的一点点差距，往往会导致结果上出现很大的差别。很多执行者工作没有做到位，甚至相当一部分人做到了99%，就差1%，但就是这点细微的区别使他们在事业上很难取得突破和成功。

一位管理专家一针见血地指出，从手中溜走1%的不合格，到用户手中就是100%的不合格。因此是丝毫不可忽视和松懈的。

1485年，英国国王查理三世准备一场战役。里奇蒙德伯爵亨利带领的军队正迎面扑来。这场战斗将决定谁统治英国。战斗进行的当天早上，查理派了一个马夫去备好自己最喜欢的战马。"快点给它钉掌"，马夫对铁匠说，"国王希望骑着它打头阵。""你得等等，"铁匠回答，"我前几天给国王全军的马都钉了掌，现在我得找点儿铁片来。""我等不及了。"马夫不耐烦地叫道，"国王的敌人正在推进，我们必须在战场上迎击敌兵，有什么你就用什么吧。"铁匠埋头干活，从一根铁条上弄下四个马掌，把它们砸平、整形，固定在马蹄上，然后开始钉钉子。钉了三个掌后，他发现没有钉子来打第四个掌了。"我需一两个钉子，"他说，"得需要点儿时

间砸出两个。""我告诉你我等不及了，"马夫急切地说，"我听见军号了，你能不能凑合？""我能把马掌钉上，但是不能像其他几个那么牢实。""能不能挂住？"马夫问。"应该能，"铁匠回答，"但我没把握。""好吧，就这样，"马夫叫道，"快点，要不然国王会怪罪到咱们俩头上的。"两军交上了锋，查理国王冲锋陷阵，鞭策士兵迎战敌人。"冲啊，冲啊！"他喊着，率领部队冲向敌阵。远远地，他看见战场另一头几个自己的士兵退却了。如果别人看见他们这样，也会后退的，所以查理策马扬鞭冲向那个缺口，召唤士兵调头战斗。他还没走到一半，一只马掌掉了，战马跌翻在地，查理也被掀在地上。国王学没有再抓住缰绳，惊恐的马就跳起来逃走了。查理环顾四周，他的士兵们纷纷转身撤退，敌人的军队包围了上来。他在空中挥舞宝剑，"马！"他喊道，"一匹马，我的国家倾覆就因为这一匹马。"他没有马骑了，他的军队已经分崩离析，士兵们自顾不暇。不一会儿，敌军俘获了查理，战斗结束了。这个著名的传奇故事出自英国国王查理三世逊位的史实。他1485年在波斯沃斯战役中被击败，莎士比亚的名句"马，马，一马失社稷！"使这一战役永载史册。

少了一个铁钉，丢了一只马掌，少了一只马掌，丢了一匹战马，少了一匹战马，败了一场战役，败了一场战役，失了一个国家。所有的损失都是因为少了一个马掌钉。

生命中的大事皆由小事累积而成，没有小事的累积，也就成就不了大事。人们只有了解了这一点，才会开始关注那些以往认为无关紧要的小事，开始培养自己做事一丝不苟的美德，力争成为深具影响力的人。

每一位老板都知道一丝不苟的美德是多么难得，不良的工作作风总是会在公司四处蔓延，要想找到愿意为工作尽心尽力、一丝不苟的员工，是一件很困难的事，因为无论大事、小事都尽心尽力、善始善终，只有基于良好的习惯之上。

然而习惯不是一朝一夕养成的，良好的习惯却有助于成就我们美好的人生，而坏的习惯积久成为恶习，难以根除。

一天，一位睿智的教师与他年轻的学生一起在树林里散步。教师突然停了下来，并仔细看着身边的四株植物。第一株植物是一棵刚刚冒出土的幼苗；第二株植物已经算得上挺拔的小树苗了，它的根牢牢地盘踞到了肥沃的土壤中；第三株植物已然枝叶茂盛，差不多与年轻学生一样高大了；第四株植物是一棵巨大的橡树，年轻学生几乎看不到它的树冠。

老师指着第一株植物对他的学生说："把它拔起来。"

年轻学生用手指轻松地拔出了幼苗。

"现在，拔出第二株植物。"

学生听从老师的吩咐，略加力量，便将树苗连根拔起。

"好了，现在，拔出第三株植物。"

学生用一只手进行了尝试，然后改用双手全力以赴。最后，树木终于倒在了筋疲力尽的年轻学生的脚下。

"好的"，老教师接着说道，"去试一试那棵橡树吧。"

年轻学生抬头看了看眼前巨大的橡树，想了想自己刚才拔那棵小得多的树木时已然筋疲力尽，所以他拒绝了教师的提议，甚至没有去做任何尝试。

我们的习惯就像是故事中的植物一样，幼苗很容易拔除，而随着时间的推移，越是根深蒂固，越是难以根除。故事中的橡树是如此巨大，就像是积久形成的习惯那样令人生畏，让人甚至怯于尝试改变它。

我们周围有很多的人，日常生活中平平淡淡，事业上也从无异峰突起，可是看到别人取得巨大成就时，往往会羡慕他们的高智商、天赋，或者认为他们天生就具有出色的处事风格。真的是如他们所想的那样吗？我们不妨先看看被人称为高智商的玛丽大夫的故事：

玛丽是美国非常有名的牙科大夫，人们都认为她具有很高的智商。事实上，玛丽大夫并不比大家智商高。让玛丽取得比别人更高成就的原

因就在于玛丽大夫养成了比别人更好的习惯：

每天早晨起床后，洗漱完毕，玛丽都会在吃饭前坐在早餐桌旁，翻一翻有关医疗和牙科研究的杂志。久而久之，这一习惯就发挥了作用，玛丽大夫变得更为博学，更富经验，也更专业。这在一般人看来，玛丽大夫似乎就显得比其他大夫的智力水平高一些。不过，不论聪明与否，都不会妨碍玛丽大夫比其他大夫更有能力，因为玛丽大夫拥有一个比别人更容易取得成功的好习惯。

千万不要认为只有具有天赋的人才能取得成功。萨拉萨蒂是19世纪西班牙伟大的小提琴家，他曾被媒体称为天才。对这种说法，萨拉萨蒂极为不满，他说："天才！37年来我每天苦练14个小时，现在，有人叫我天才！"萨拉萨蒂自己很清楚地知道，并不是什么天才或天赋造就一个时代最杰出的小提琴家，自己所取得的耀眼辉煌成就，所依靠的是自己勤奋刻苦的习惯——每日坚持不懈的练习。而这往往是人们所忽视的。

一位西方著名的学者指出：成功人士的日常行为规律一般都是基于良好的习惯之上。成功的运动员、律师、医生、企业家、音乐家、销售员、作家等各个领域中的杰出人士，以及所有专业领域中的佼佼者，在他们的身上你都能发现这样一个共性，那就是他们都具有良好的习惯。正是这些好习惯，帮助他们开发出更多的与生俱来的潜能，使他们在自己的人生道路上取得一个又一个的辉煌的成就。

心灵悄悄话
XIN LING QIAO QIAO HUA >>>

在工作中你应该以最高的规格要求自己。能做到最好，就必须做到最好；能完成百分之百，就绝不只做99%。只要你把工作做得比他人更完美、更快、更准确，就能引起他人的关注，实现你心中的愿望。

靠自控力改变自己的坏习惯

高山滑雪是人与环境以及时间的竞赛。每当我们看到输赢之间只差极短的时间时，就会不禁摇头同情那些输家。

第一名的时间是 1 分 37 秒 22。

第二名的时间是 1 分 37 秒 25。

也就是说，冠军与输家之间，只差 0.03 秒，连眨眼的时间都不够。

到底冠军与输家之间有什么不同呢？运气？也许是。但也许冠军多下了一点点功夫，多花了一点点时间。也许冠军肯下功夫重视自己的坏习惯，直到把它从自己的行为中戒除掉。这样，他在高山滑雪时少用了一点点时间，而这就足以使他成功。

你是否也有一些坏习惯呢？它们是什么？是拖拉、放纵、懒惰、邋遢、坏脾气、缺乏毅力？还是……

只要这些不良习惯存在，你就不大可能有太大长进。我们虽有很多弱点，但我们不是弱者。我们可以通过努力克服不良的习惯，使自己成为一个快乐的强者！

当你看到美元票面上的华盛顿的肖像时，看着他白色卷发映衬下那平静、自信、显示着自控能力的面庞时，你能想象出他年轻时曾有一头红发，脾气火爆吗？要是他没有学会靠自控力改变自己的坏习惯，那恐怕就无法成为叱咤风云、率领没有受过训练的民兵战胜乔治王的军队，恐怕他也不会成为美国第一任总统。

本杰明·富兰克林大概算得上美国历史上极有影响力的伟人，他博

学多才。他是爱国者、科学家、作家、外文家、发明家、画家、哲学家,并引导美国走上独立之路。

但是,他也有不好的习惯,正如他自己清楚的那样。与众不同的是,他下决心想方设法改变它们。他不愧是一个发明家,他为自己制定了一个戒除恶习的妙方。他首先列出获得成功必不可少的13个条件:节制、沉默、秩序、果断、节俭、勤奋、诚恳、公正、中庸、清洁、平静、纯洁、谦逊。

在那本不朽的自传中,他提及了使用这个妙方的方法。"我打算获得这13种美德,并养成习惯。为了不致分散精力,我不指望一下子全做到,而要逐一进行,直到我能拥有全部美德为止。"

他的妙方中,有一点借鉴了毕达哥拉斯的忠告:每个人应该每日反省。他设计了第一套成功记录表:

"我制作了一个小册子,每一个美德占去一页,画好格子,在反省时,若发现有当天未达到的地方,就用笔做个记号。"

妙方对这位伟人起了什么样的作用呢?

当富兰克林79岁时,写了整整15页纸,特别记叙了他的这一项伟大发明,因为他认为自己的一切成功与幸福均受益于此。

富兰克林在自传中写道:"我希望我的子孙后代能效仿这种方式,有所收益。"为了追求卓越,我们要像富兰克林那样,学会靠自控力改变自己的坏习惯。

要想获得成功,就必须培养自己良好的习惯。良好的习惯,会促使一个人形成良好的品质,而良好的品质,造就一个成功的人。

俗话说,习惯成自然。成也习惯,败也习惯。有人说,播下一种心态,收获一种思想;播下一种思想,收获一种行为;播下一种行为,收获一种习惯;播下一种习惯,收获一种性格;播下一种性格,收获一种命运。好的习惯不仅能促使一个人的成功,而且能改变一个人的命运。坏的习惯不但会导致一个人的失败,而且可能过早地扼杀一个人的生命。良好的生活习性,勤奋学习和工作,遵循人际交往规则,保持乐观的心态,这些好习惯

会使我们一生幸福。

成功来自你对自己真正热爱和擅长的事业的专注——而非来自对每一偶然事情的挑战。

卡特也来应聘，他忐忑地等待着，终于，该他出场了。"能阅读吗？""能，先生。"

"你能读一读这一段吗？"他把一张报纸放在卡特的面前。

"可以，先生。"

"你能一刻不停顿地朗读吗？"

"可以，先生。"

"很好，跟我来。"商人把卡特带到他的私人办公室，然后把门关上。他把这张报纸送到卡特手上，上面印着卡特答应不停顿地读完的那一段文字。阅读刚一开始，商人就放出6只可爱的小狗，小狗跑到卡特的脚边。这太过分了。许多应聘者都因经受不住诱惑要看看美丽的小狗，视线离开了阅读材料，因此而被淘汰。但是，卡特始终没有忘记自己的角色，在排在他前面的70个人失败之后，他不受诱惑一口气读完了材料。

商人很高兴，他问卡特："你在读书的时候没有注意到你脚边的小狗吗？"卡特答道："对，先生。"

"我想你应该知道它们的存在，对吗？"

"对，先生。"

"那么，为什么你不看一看它们？"

"因为我告诉过你我要不停顿地读完这一段。"

"你总是遵守你的诺言吗？"

"的确是，我总是努力地去做，先生。"

商人在办公室里来回走着，突然高兴地说道："你就是我想要的人。"

专注于你所要做的事情就是成功的第一大要素。年轻人只有善于克制自己，把精力投入到工作和学习中去，完成自己的职责，才有成功的希望。

习惯是一个人成功的资本,好的习惯使我们立于不败之地,坏的习惯将我们从成功的航船上拉下来。常常做一件事就会成为习惯,而习惯的力量大极了。但是人类也有一股不小的缓冲能力,既然有能力养成习惯,当然也有能力祛除他们认为不好的习惯!

举例说,一个商人有遇事保持乐观和热情的习惯,这对自己是有帮助的。它会使工作较顺利、较容易,而且也会激励和鼓舞他的同伴和下属。但是,习惯性的乐观和热情,往往会造成危险的甚至是不堪设想的过度乐观和过度热情。

如果你既没有做宏大事业的知识,又没有经验,而且曾经在无知中游荡,也曾跌进过冰冷的深渊,那么,你该怎样养成良好的习惯呢?

事实上,这个答案很简单。首先要遵守的一个简单法则就是:要养成良好的习惯,全身心地去实行。

良好的习惯隐藏着人类本能的秘诀。当每天坚持培养良好习惯活动的时候,它们很快就会成为精神生活的一部分。而最重要的是,它们会溜进心灵,变成奇妙的源泉,永不停止,创造财富,并使你事业的航船不断地驶向成功的彼岸。

当培养良好习惯的话语被奇妙的心灵完全吸收的时候,每天早晨,你便开始带着以前从来没有过的一种活力醒过来。你的元气将会增加,你的热情将会升高,你事业成功的欲望,将会使你克服一切恐惧,你将会比你想象中的更快乐。良好的习惯能使我们坚定成功的信念。

我们要郑重地对自己宣誓说,没有东西能够阻碍我们事业成功的信念。例如:"今天是我新生命的开始。""我所选择的这个行业,充满机运,没有悲伤。""我像另外一批人一样,不会失败。因为我的手里握有航海图,指示我战胜波涛汹涌的海洋,到达彼岸。过去的,只是一场梦罢了。"

"失败不再是我奋斗的代价。失败是痛苦的,不适应我的生活。过去我曾接受它,那是因为我需要痛苦现在拒绝它,这是因为我有了智慧和原则,指引我走出阴暗,进入富庶、幸福和超过我梦想的康庄大道。"人

要能长生不老，可以学到一切，但我不能永生。所以，在我有生之年，我必须练习忍耐的功夫。我要成为一名成功人士。"

实际上，每天在这新的习惯上花费几分钟，对将要属于你的那种快乐和成功来说，只是付出微小的一点代价，但已经播下成功的种子。好的习惯可以使人立于不败之地，坏的习惯可以使人永远不能成功。一个人如果想要成功，必须明白习惯的力量是多么强大，必须改变那些可能破坏成功的坏习惯，要养成对自己所追求的事业有益的好习惯。

许多伟人以及成功人士，都因为拥有良好的习惯，从而使自己增强自信，获得机会。所以，我们应该从现在开始努力养成一个好的工作习惯，对于不好的工作习惯要及时改正，坚决摒弃。

心灵悄悄话
XIN LING QIAO QIAO HUA >>>

一个好的工作习惯会使我们事半功倍，使我们受益终生。好的习惯可以在你成功之路上助你一臂之力，你必须时时警惕祛除那些可能破坏你好习惯的缺点，要赶快养成对自己所追求的事业有益的那些习惯。

养成多看一眼、多想一下的习惯

曾经有这样一起事故,因煤气爆炸炸毁了半条街。在事后的事故调查中发现,此次事故的起因,竟是一块不起眼的石头!

原来,当初建输气管道时,埋藏主管道的走行路线被设计在行车的道路下。工人按设计破路挖埋设管道的沟,一些挖出来的石块,被随意堆放在沟旁。沟挖好后,路过的行人有好事者,随意将一块石头,踢进了准备铺放输气管道的沟中。施工工人根本就没把这小小的石块放在眼里,不屑于将其取出,想当然地认为,这对施工不会有影响。于是,煤气的输送主管道,最终被铺设在了这块石头之上。管道铺好后,道路又恢复了以往的车水马龙。在夜以继日的车辆碾压下,管道所受的压力亦被聚在支点——那块石头上。最终,不堪负荷的输气管道,终被这块石头硌烂破裂,致煤气泄漏。

事故发生后人们回忆,经过这条道路的行人,常能闻到一股煤气味儿。但却没人将这当回事儿予以关注,关注都谈不上,也就提不上报警了。更不可思议的是,这条道路下的煤气管道之旁,竟然还有一条地下电缆与之伴行!泄漏之煤气,沿着这地下电缆弥散,进入了一栋商住楼的配电间,并在此配电间积聚。一天电源跳闸,有人进入配电间合闸,瞬间,合闸时的电火花引起了早就积聚在配电间的煤气爆炸,并沿着充满煤气的电缆间隙至煤气主管道,将大半条街炸毁……

我们来假设一下吧。如果设计者不把煤气铺设管道的埋设线路设计

在行车道下，如果其周边没有那电缆的走行，如果挖出来的石头被及时清走，如果路人没有好事者将那石头踢进了沟中，如果施工人员将被踢入沟中的石块捡出，如果煤气泄漏后的煤气味儿能引起人们足够的警觉，如果配电间有足够的通风，如果跳闸停电后人们不鲁莽地一进配电间即合闸，那么……

从这起人祸的经验教训中，可以引出一新的概念——事故链。现实中的许多事故，发生发展并非单一因素引起，而是由一系列不经意的未能得到及时发现甚至已发现但又被认为无关紧要而未能及时处理的小事件，亦即所谓的事故隐患累积而来。诸环节丝丝相扣，任一环节的延续过程若能得到及时终止，都能避免事故的发生。却偏偏未能终止，积少成多，事故发生的概率在不知不觉中悄然增长。虽然每个人都只错了那么一点点，但终于由量变到质变，酿成难以挽回的大祸。血的教训啊！

有时，我们犯了错误，甚至是较大的错误，但侥幸没有发生事故，错误也往往被掩盖了，但在已经发生的事故中，却必然隐含着一系列的这样、那样的错误。这些错误往往不是什么"高、精、尖"的问题，是多看一眼、多走一步、多想一下、多说一嘴即可避免的，是举手之劳就可解决的。但细细想来，岂敢乐观，这样的一点点小错在实际工作、生活中何其多，真正有效消除这样的问题何其难！

心灵悄悄话
XIN LING QIAO QIAO HUA >>>

我们一点点的错误、一点点的大意、一点点的懈怠，都可能引发巨大的灾难；一点点的细心、一点点的尽意、一点点的静思就可能会平安无事或化险为夷。

战胜懒惰，培养甘于吃苦的精神

很多西方名言都强调要战胜懒惰的思想："一个怠惰而不想转动的人，即使遇到最宽厚的命运，也正像那个最勤奋但是手中无旋盘的陶工那样，是不会捏烧成器的；这时即使命运在他身上怎样不惜浓颜丽色，怎样彩釉镶金，他仍不免是滥坯一块，它够不上一个盘子；不，它只不过是凹凸不一、胡揣乱捏、弯弯曲曲、歪歪扭扭、边角欹斜、没有规格的滥坯一块而已！这点希望怠惰的人能够三思。""懒惰受到的惩罚不仅仅是自己的失败，还有别人的成功。"

从前，在一个偏僻的小村庄里，住着一位农夫。他只有很小的一块田地，但是他却非常珍惜，一直都很认真地耕种。有一年，他的收成很不好，到了春耕的时候只剩下一小袋种子。他视如珍宝。播种的当天，天刚一亮，他就从床上爬起来，来到了他那块田里。他十分小心，生怕遗失了每一粒种子。到了正午时分，太阳毒辣辣地烘烤着他的脊背，他感到很疲乏，便停下来在树旁休息。当他坐下的时候，一把种子突然从袋子里洒了出来，掉到了树干下的一个树洞里。虽然只是一点种子，但对这个农夫来讲，每一粒种子都是宝贵的，丢失了都是损失。农夫心疼不已，他拿着铲子，开始挖这株树的树根。天气越来越热，汗水沿着他的脊背和眉毛滴了下来，但他还是不停地挖。当他终于挖到种子时，他发现它们掉在了一个被埋着的盒子上面。他捡起了种子，又顺便打开了那个盒子。在打开的那一刻，他惊呆了，原来盒子里装满了黄金，那些宝贝足够让他过完下半辈子。从此以后，这个原本贫穷的农夫成了一个富有的人，当人们对他

说："你真是世界上最幸运的人。"他却笑着说："不错，我是很幸运，但这些都源于我的辛勤劳作和对种子的珍惜。"这是个简单的道理：意外的报酬源于辛勤的劳作。

在一个池塘边生活着两只青蛙，一绿一黄。绿青蛙经常到稻田里觅食害虫，黄青蛙却经常悠闲地躲在路边的草丛中闭目养神。有一天黄青蛙正在草丛中睡大觉，突然听到有人叫："老弟，老弟。"它懒洋洋地睁开眼睛，发现是田里的绿青蛙。"你在这里太危险了，搬来跟我住吧！"田里的绿青蛙关切地说，"到田里来，每天都可以吃到昆虫，不但可以填饱肚子，而且还能为庄稼除害，况且也不会有什么危险。"路边的青蛙不耐烦地说："我已经习惯了，干嘛要费神地搬到田里去？我懒得动！况且，路边一样也有昆虫吃。"田里的青蛙无可奈何地走了。几天后，它又去探望路边的伙伴，却发现路边的黄青蛙已被车子轧死了，正好暴尸在马路上。

很多灾难与不测都与我们的懒惰和其他不良习惯有关。举手之劳的事情却不愿为之，就注定要为此付出沉重的代价。命运靠自己来掌握，选择勤劳就可以得到幸福，携带懒惰永远难逃厄运。这是个简单的道理：懒惰是人生成功和幸福的大敌。在这个世界上付出不一定有回报，但不付出一定不会有收获。这个定律可以运用到人生的很多方面：工作、事业、交际，甚至是感情……

在生活中，要努力战胜懒惰，培养甘于吃苦的精神。如下建议可供参考：

（1）把握现在。

雷巴柯夫说："时间是个常数。但对勤奋者来说，是个变数。用'分'来计算时间的人，比用'时'来计算的人，时间多 59 倍。"在生活中，常听人说"时间就是金钱"。可是，若以此来衡量时间，我们会发现，昨日就像一张作废的支票，我们对其无能为力；而明天又像是一张借条，不可信赖。因此，唯一可以动用的现金，即是我们现在存在银行里的钱，也就是宝贵的今天。

因此,要想充分利用时间,以确保不浪费时间,最重要的就是把握现在。

(2)不怕吃苦。

勤,总是同"苦"字联系在一起的。而甘于吃苦,一辈子勤奋努力,没有一点韧性,是很难做到的。在我们勤奋地工作的时候,尽管还没得到成功的报答,却先已磨炼了自己的意志,培养了自己的坚韧,这难道不是一种收获吗?

(3)保持头脑的灵活。

成功等于才能加机遇。但才能来自勤奋,机会只垂青那些头脑灵活、准备充分、奋力追求的强者。

心灵悄悄话
XIN LING QIAO QIAO HUA >>>

勤奋要和灵活思维结合起来。既要保持自己勤奋的好作风,又要研究生活中的新事物,勤于寻找巧干的门路,勤于选择一个最佳的突破口,使成功早日来临。

放弃粗心,小事不能疏忽

天下难事,必作于易;天下大事,必作于细。有一句耳熟能详的话,叫"魔鬼存在于细节之中"。为什么细节会成为魔鬼的栖身之地呢?因为人们在工作和生活当中,经常会忽略细节的存在,从而让魔鬼有机可乘。认为小事可以忽略、细节不影响大局的想法,其实是一种错误的观念。这可能使一个人的事业功亏一篑。为了成就大事。一定不要粗心、马虎;养成关注细节的习惯是非常重要的。

这是一个真实的故事。它发生在建筑工地。一栋9层高的高楼需要补刷外表墙皮,要用到升降台。一个升降台由4根直径3厘米的钢丝悬挂。升降台的安装方法是,先从楼顶放下钢丝,再把地面的升降台与钢丝连接。

每盘钢丝有250公斤重,全长40米,要由4~6个精壮小伙子抬到楼顶,然后慢慢放下钢丝。这里我们要算一下,9层楼,按每层3米算,大概要放27米钢丝,钢丝质地均匀,所以钢丝的长度比就是重量比,那就意味着要放大约167公斤钢丝下去,这绝不是一个人能办到的,要5个人以上合力往下放。这似乎没有什么危险,因为一般钢丝快到达地面时,楼顶已经把钢丝卡住,而且钢丝也拉直了。但是这次出了意外。

钢丝卡好了,小伙儿们只需慢慢往下放,直到钢丝被拉直。但他们性急了,认为只需让钢丝自己下坠就行了,于是在钢丝被放到一多半时他们就放手了,这时还有部分钢丝在楼顶盘着,结果就是这段钢丝套住了其中一个小伙子的腿,钢丝下落得非常快,结果人没有被钢丝带下去,但整个

脚被勒断了,随着钢丝一起下了楼,真是恐怖。他疼得要死,人们把他和他那只尚穿着鞋的断脚一起送到医院抢救,最后那个小伙子残废了。

如果不是马虎,不会轻视操作流程;如果不是性急,不会不加思索就决断;如果不是粗心,不会造成意想不到的惨剧。

即便一件事情做过许多年也不代表能万无一失,最重要的是要冷静、细心,越是容易的事情就越不应该大意。

一个电影好看,需要注意细节;一个人要想成功,需要注意细节;一个企业若想发展,也需要注意细节。人生固然要有大模样的远景构思,但人生更要注意富有价值和意义的生活的平淡琐事。生活是充满了细节的。正是这些细节,才使得生活血肉丰满,充满情趣,才使得生活丰富多彩、魅力无限。否则,生活一定是一片空白,显得单调乏味。

大多数人在大多数时间里只能面对一些具体的事、琐碎的事、单调的事,也许过于平淡,也许显得鸡毛蒜皮,但这就是生活,是成就大事不可缺少的基础。认为小事可以忽略、细节不影响大局的想法,其实是一种错误的观念。

放弃粗心,养成细心的习惯,做到细致每一件小事,不仅仅是一种工作态度,能够把工作做好,而且小事中往往隐藏着成功的机会。

日本狮王牙刷公司的员工加藤信三为了赶去上班,刷牙时竟致牙龈出血。他为此而感到恼火,上班的路上仍是一肚子不舒服。在心头火气平息下去以后,他便和几个要好的伙伴提及此事,并相约一同设法解决刷牙容易伤及牙龈的问题。

他们想了不少解决刷牙造成牙龈出血的办法,如将牙刷毛改为柔软的狸毛,刷牙前先用热水把牙刷毛泡软,多用些牙膏,放慢刷牙速度等,但效果都不太理想。于是,他们进一步仔细检查牙刷毛,在放大镜底下,发现刷毛顶端并不是尖的,而是四方形的。加藤信三想:"把它改成圆形的不就行了!"于是,他们着手改进牙刷。

　　加藤信三经过实验取得成效后,正式向公司提出了这一项改变牙刷毛形状的建议,公司很乐意改进自己的产品,欣然把全部牙刷毛的顶端改成圆形。改进后的狮王牌牙刷,在广告媒介的作用下,销路极好,连续畅销十余年,销售量占全国同类产品的 30%～40%;加腾信三也由职员晋升为科长,十几年后成为公司的董事长。

　　牙刷不好用,在我们看来是司空见惯的事情,很少有人会去想办法解决这个问题,所以机遇就不属于我们。而加腾信三既发现了问题,又设法解决了问题,结果,他由此获得了机会。所以,牙刷不好用对他来说就是一个机遇。这是注重和追究细节给人带来机遇的一个案例。

　　一位管理学家指出,在市场竞争日益激烈残酷的今天,任何微小的东西都可能成为"成大事"或者"乱大谋"的决定性因素。把每一件简单的事做好就是不简单,把每一件平凡的事做好就是不平凡。

心灵悄悄话
XIN LING QIAO QIAO HUA >>>

　　无论在生活中还是工作中,愿意把小事做细的人才能最终脱颖而出。我们不缺少雄韬伟略的战略家,缺少的是精益求精的执行者;我们不缺少各类管理规章制度,缺少的是对规章条款不折不扣的遵守者。我们必须改变心浮气躁、浅尝辄止的毛病,提倡一丝不苟、注重细节的作风,把大事做细,把小事做好,养成多看一眼、多想一下的习惯。

改掉拖拉的恶习

办事拖拉是不少平庸的人常见的毛病。"明日复明日,明日何其多。我生待明日,万事成蹉跎。"要想不荒废岁月,得到好的成绩,就要克服拖拉的习惯。

拖拉者的一个最大退路,是找借口为自己开脱。经常听到一些人这样说:"要是再有一些时间,我肯定能做得更好。""明天再说吧!"

大森里面有一个小猴子,很活泼,但是有一个缺点就是爱拖拉。小猴子拖拉的毛病已经不是一两天了,而是从小就养成的习惯。

小时候,当小猴子比现在还小的时候,那时候就已经非常的拖拉了。比如,放暑假了,猴妈妈让他上午写作业,猴子就说:"上午让我玩一会儿吧,下午我再写作业也行。"到了下午,猴子心想明天还有时间呢,还是明天再写作业吧。到了第二天,猴子心想说:"今天先玩吧,暑假时间长着呢,以后再写吧。"拖到最后,开学的时候,猴子的作业也没完成,还被老师批评了。

现在猴子已经长大了,在一个公司上班了。一天,老板给猴子布置了一个任务,让猴子一定在一个月的时间内完成。

第一天,猴子说:"一个月的时间长着呢,也不急于这一天。"于是就把任务放下了。

到了第二天,猴子心想:还有那么长时间呢,才第二天呢,一个月的时间肯定够了。明天开始做吧。就这样一拖再拖,到了快要交任务的时候,猴子已经来不及完成了。

一个月时间过去了，当老板向猴子要任务结果时，猴子抓了抓脑袋，只能说没有完成任务。老板失望地摇了摇头，然后就把猴子开除出了公司。

这个故事告诉我们，做事一定要干脆，不能拖拉。决定了的事情，一定要立刻去做，而不能一拖再拖。一旦养成了拖拉的坏习惯，则什么事情也干不好。

拖拉者的一个悲剧是，一方面梦想仙境中的玫瑰园出现，另一方面又忽略窗外盛开的玫瑰。

昨天已成为历史，明天仅是幻想，现实的玫瑰就是"今天"。拖拉所浪费的正是这宝贵的"今天"。拖拉的恶习往往会带来很多不良的后果，它会对我们造成以下三种不良的影响：

一是问题成堆。

明日复明日，本来不过是举手之劳的事，可总是拖延，成为一个紧迫问题，在我们最紧张的时候来抢我们宝贵的时间。

二是陷入焦虑。

拖拖拉拉，自以为"临期突击是完成任务的妙法"，结果，时间压力给人带来一个又一个的焦虑，天天在着急上火中生活。

三是计划失效。

一些人表面上也像个实干家，为自己确立目标制定计划，但很少去落实。这漂亮的美好的计划，会使人毫无作为。

到美国首府华盛顿观光的旅客总不免要到华盛顿纪念碑一游。于是纪念碑下游客如织，导游大概会告诉人们，排队等搭电梯上纪念碑顶就要等上两个钟头。但是他还会加上一句："如果你愿意爬楼梯，那么一秒钟也不必等。"

仔细想想，这句话说得多么真切！不止攀登华盛顿纪念碑，对于人生之旅又何尝不是如此！

说得更精确一点，通往人生顶峰的电梯不只是客满而已，它已经出了

故障,而且永远都修不好,每一个想要上的人,都必须老老实实地爬楼梯。只要我们愿意爬楼梯,一次一步,那么我们必定将到达人生的顶峰。因此,一定要养成立即行动的习惯,克服拖拉的毛病。

心灵悄悄话
XIN LING QIAO QIAO HUA >>>

有的人,每当做事厌烦的时候,就想着"明天再做";而到了明天,他又想着"明天再做"。做什么事情,一定要立即去做,不要拖延,不要把应该立即完成的事情拖到以后。其实,拖延正是怠惰的典型表现。立即行动是所有成功人士共同的特质。如果你有什么好的想法,那就立即行动吧;如果你遇到了一个好的机遇,那就立即抓住吧。为了获得成功,就要立即行动起来,千万不要拖延。

第三篇 >>>

放弃不适合的，明智抉择人生

古人说："力能则进，否则退，量力而行。""志当存高远"的思想是正确的，但"高"和"远"是应该有适宜的"量"和"度"的。人的能力是有限的，不管你有多高的智慧，有多大的力气，许多事情也是可望不可及的。所以做事要量力而行，不可苛求。也就是说，凡事当尽力而为，但是也要量力而行。因此放弃不切实际的过高的期望是一种睿智，更重要的是能减少挫折感。

学会选择，学会放弃，是一种做人的智慧，一种境界。但是，如何选择，怎样放弃，对于身为普通人的我们来说，并不是一件容易的事。

可能实现的目标才是明智的选择

一位哲人说：成功的最佳目标不是最有价值的那个，而是最有可能实现的那个。所以要记得你的梦想要充满希望。

但是，你的某些梦想会成真，其他的一切也会渐渐消失或改变。在你的人生中，你可能必须放弃一到两个梦想。

约翰年轻的时候，喜爱写诗。他不记得自己是何时开始爱上写诗的。诗始终是他生命中的一部分。他宁愿用诗来表达自己内心深刻的感受，特别是那些他感觉难以面对的事。

约翰大学毕业之后，在得州的爱尔巴索市的一家报社找到一份差事。他将所有的家当打包，开着自己的老爷车直奔得州开始新生活。这份工作只维持了两个月，报社便倒闭了，解雇了所有的员工。约翰只好另外找寻工作——说起来并没有很多就业机会。然而，妻子鼓励他应该把他的一些诗作结集成书，然后寄出寻求出版。

在很小的时候，约翰便梦想成为一位名作家。妻子对他的信心令他十分陶醉，约翰是既兴奋又紧张，两种情绪兼而有之。妻子白天做秘书，晚上作裁缝师来维持日常生活，而约翰则夜以继日地创作他的第一本诗集。

约翰倾尽全力从事写作，等到完成时感到非常的自豪。他本想向全世界描述自己内心深处的梦想、希望和欲望，却发觉这个世界嗤之以鼻。他被退稿 12 次之后，早就完全麻痹了；等到被拒 24 次，他坐在后院凉亭里，重新评估人生目标的优先次序。

约翰开始想到妻子想要住在一栋红砖屋的梦想：拱形的大门口，院子里的树叶摇曳，前面有个门廊，能让她傍晚坐在那儿休憩，向过路的邻居挥手打招呼。

以当时的财务状况而言，他们似乎永远达不到这个梦想。还好，后来约翰在湖公园市的一家广告公司谋到一个职位，他们竭尽所能节省每一分钱，不久，便足够在中山市建筑他们的家园了。

这的确是件棘手的事！一位女演员要坐多久冷板凳，才会放弃她获得在电影中扮演第一个角色的希望？一个提琴手要试音几次，才会觉悟到他永远无法成为交响乐团的一员？一位舞者要尝试几回，才能明白她的动作不如舞台上那些年轻女孩的舞姿曼妙，而终于下决心将舞鞋束之高阁？

从某种意义上说，约翰放弃了成为诗人的梦想，而迁就于另一个比较小的梦。然而，每当他看到妻子坐在门廊里缝制衣服，向邻居挥手致意时，他就觉得成为诗人未必是个值得追求的伟大梦想，所以，对生活不能期望太高，梦想一定要切近现实。

如果脱离客观现实，为自己设置可望而不可即的目标，那么，结果往往是压抑、担心和失望。心理学家在对工作效率和情绪健康的科学研究中，曾对150名年收入在1万至150万美元的销售人员进行了一次调查。他们中有40%的人是完美主义者。可以预料，在现实生活中，他们要比那些非完美主义者承受更大的精神压力，他们的生活会充满担心失败的焦虑和忧愁，不敢冒险，患得患失，他们的工作效率低于那些非完美主义者，他们并没有更多的成功。

事实上，完美主义者患得患失惧怕失败的焦虑和压力束缚他们的手脚，压抑他们的创造性，使其工作效率降低。宾夕法尼亚州立大学心理学家的研究发现，有资格参加奥林匹克运动会的运动员，不同于其他运动员的显著标志之一，就是他们很少为自己制定完美的标准。

心理学家所指的"完美主义者"是什么呢？它并不包括那些为美好

的理想健康地追求着的人们。没有客观的目标与科学的态度,成功是难以实现的。完美主义者是这样一些人们,他们为自己设置不可能达到的目标,强迫自己去实现,并用他们的成就去衡量自身的价值。结果,他们总是担心失败而惴惴不安。

20世纪七八十年代,在美国心理治疗界发现有这样一类求治者:他们是成功的商人、艺术家、医生、律师和社会活动家等。他们在自己的领域如鱼得水,出类拔萃,但他们的努力并未给自己带来所期待的幸福生活。

心理学家们发现,完美主义者具有这样一些共性:他们的成功既不能给他们带来成就感,也不能带来一个完整、独立的自我感受。他们寻找心理治疗,以期给自己的生活带来意义,并克服空虚感。

完美主义者的自我系统处于分离状态,一方面,当他们获得成功时,他们可以体验欢欣;另一方面,在他们的内心深处却隐藏着深层的无价值感和自卑感。正是这种匮乏导致了他们将无所不能的完美主义倾向当作护身的盔甲。他们抱怨所有的成功似乎都不能给自己带来快乐,没有人理解他们,他们也不能理解他们自己。他们的整个生活都在隐蔽自身中不被自己接纳的那部分。通俗地说,他们不能接受自身的不完美。

改变这种可怕性格的方法就是,学会重新树立评价自己的标准,改掉原来那种完美的、苛刻的、倾向于全面否定的标准,树立一种合理的、宽容的、注重自我肯定和鼓励的标准;学习多赞美自己,把过去成功的事例列在纸上,坦然愉悦地接受别人的赞扬并表示感谢。

能认识到自己有种种不足并能坦然面对的人,可以说是自信的,心态也是健康的。一位著名的心理学家指出:人生并非上帝为人类设计的陷阱,好让他谴责我们的失败。人生也不是一盘棋,如果走错一步那么步步皆错。人生其实就像踢足球,即使最伟大的球星,也会在比赛中失误,我们的目标是努力发挥最佳水平,但不能要求自己每脚都是妙传,甚至是射门得分。

可见,醉心于追求"完美"的人,其实是不完美的。因为"完美"毕竟

是抽象的,只有生活才是具体的。生活中有不少"完美",并非靠追求就能得到;相反,生活中有许多遗憾,却是无法避免的。假如我们在心理上战胜了这些,我们的内心就会稳健许多,就会重新感受到生活的乐趣。

心灵悄悄话
XIN LING QIAO QIAO HUA >>>

有的人因期望太高摔倒了,心里失去了平衡,终日感叹无奈、命运的不公,却不知是自己把自己推向更无奈的深渊。有的人面对同样的问题也会茫然,但他冷静下来分析因何失败,再次面对该如何去对待!他们能在失败中找回真正的自己,从而走上成功之路!

做事要分清轻重缓急

时间对每个人都是极其重要的，大家都觉得时间不够用，巴不得能有多一点的时间。比起学习知识和技能，我们更应该注重按时做出成就。重视时间的人常常有很高的生产效率，并创造出巨大的生产价值。他们用今天的时间和能源为今后制造出可供享用的更多的劳动成果。一定要努力养成更好的工作习惯，注重条理性，提高效率，更有效地利用时间。这样才能常常感到轻松愉快，变得更有活力，更快、更好地完成各项工作。

有一位教授在桌子上放了一个罐子。然后又从桌子下面拿出一些鹅卵石一块一块地放进罐子。当放到不能再放的时候，教授问他的学生道："你们说这罐子是不是满的？"

"是！"学生们异口同声地回答说。

"真的吗？"教授笑着问。然后，再从桌底下拿出一袋碎石子，他把碎石子从罐口倒下去，摇一摇，再加一些，再问学生："你们说，这罐子现在是不是满的？"这次，他的学生不敢回答得太快了。

最后，班上有位学生怯生生地细声回答道："也许没满。"

"很好！"教授说完后，又从桌下拿出一袋沙子，慢慢地倒进罐子里。倒完后，他再问班上的学生："现在你们再告诉我，这个罐子是满的还是没满？"

"没有满！"全班同学这下学乖了，大家很有信心地回答说。

"好极了！"教授再一次称赞这些"孺子可教也"的学生们。称赞完后，教授从桌底下拿出一大瓶水，把水倒在看起来已经被鹅卵石、小碎石、

沙子填满了的罐子。

当这些事都做完之后，教授正色地问班上的同学："我们从上面这些事情学到什么重要的功课？"

班上一阵沉默，然后一位自以为聪明的学生回答说："无论我们的工作多忙，行程排得多满，如果要逼一下的话，还是可以多做些事的。"这位学生回答完后心中很得意地想："这门课说到底讲的是时间管理啊！"

教授听到这样的回答后，点了点头，微笑道："答案不错，但这并不是我要告诉你们的重要信息。"说到这里，这位教授故意停顿，用眼睛向全班同学扫了一遍说："我想告诉各位最重要的信息是，如果你不先将大的鹅卵石放进罐子里去，你也许以后永远没机会把它们再放进去了。"

每一天我们都在忙，每一天我们所做的事情好像都很重要，每一天我们都不断地往罐子里灌进小碎石或沙子，各位有没有想过，什么是你生命中的"鹅卵石"？

我们都很会用小碎石加沙和水去填满罐子，但是很少人懂得应该先把鹅卵石放进罐子里的重要性。在日常生活中，分清轻重缓急，重要的事情先做也是同样的道理。

卡耐基在教授别人期间，有一位公司的经理去拜访他。经理看到卡耐基干净整洁的办公桌感到很惊讶。他问卡耐基说："卡耐基先生，你没处理的信件放在哪儿呢？"

卡耐基说："我所有的信件都处理完了。"

"那你今天没干的事情又推给谁了呢？"经理紧追着问。

"我所有的事情都处理完了。"卡耐基微笑着回答。看到这位公司经理困惑的神态，卡耐基解释说："原因很简单，我知道我所需要处理的事情很多，但我的精力有限，一次只能处理一件事情，于是，我就按照所要处理的事情的重要性，列一个顺序表，然后就一件一件地处理。结果，完了。"

"噢，我明白了，谢谢你，卡耐基先生。"

几周以后，这位公司的经理请卡耐基参观其宽敞的办公室，对卡耐基说："卡耐基先生，感谢你教给了我处理事务的方法。过去，在我这宽大的办公室里，我要处理的文件、信件等等，都是堆得和小山一样，一张桌子不够，就用三张桌子。自从用了你说的法子以后，情况好多了，瞧，再也没有没处理完的事情了。"

这位公司的经理，就这样找到了处理事务的办法。几年以后，他成了美国社会成功人士中的佼佼者。我们为了个人事业的发展，也一定要根据事情的轻重缓急，制订出一个顺序表来。人的时间和精力是有限的，不制订一个顺序表，你会对突然涌来的大量事务手足无措。

根据你的人生目标，你就可以把所要做的事情制订一个顺序。有助你实现目标的，你就把它放在前面，依次为之，把所有的事情都排一个顺序，并把它记在一张纸上，为自己制订一个合理工作日程表，这样可以使工作条理化，拥有更高的工作效率。因此精心为自己制订一个好的工作日程表和工作计划表是非常重要的。计划与工作日程表不同，计划是指对工作的长期打算，而日程表是指怎样处理现在的问题。比如，今天的工作、明天的工作，也就是所谓的逐日的计划。有许多人抱怨工作太多、太杂、太乱。实际上，是由于他们不善于制订日程表。他们不善于安排好日常的工作，连最没意义的事也抓住不放，人为地制造忙乱，不但谈不上工作条理化，连自己也被压得喘不过气来。著名作家雨果说过："有些人每天早上预定好一天的工作，然后照此实行。他们是有效地利用时间的人。而那些平时毫无计划、靠遇事现打主意过日子的人，只有混乱二字。"

制订工作日程表会因工作性质、本人身体状况和气质的不同而不同，大致应遵守以下原则：

（1）以重要活动为中心制订一天工作日程。

有些工作是关键的，或者说是带战略意义的重要活动，应以这样的重要工作为中心。

（2）以当天必须首先要做的那件工作为中心制订一天工作日程。

不可能有这种奇迹,刚开始干,一下子就做完了全部工作。所以,要挑出那些在一天内必须做完、一旦受干扰中断就不太好办的工作。

(3)把有联系的工作归纳在一起做。

种种琐事归纳到一起,会使工作有节奏和气势。例如,有些信件,可以归总起来一次写完;尽量约好时间,尽可能集中地依次拨打同类电话;必须阅读的材料,集中到一起很快地过一下目,等等。

(4)使工作日程与自己的身体状况、能量的曲线相适应。

能量曲线因人而异,一般的人上午精力充沛,因此,要利用这段时间去从事那些最有挑战性、最富于创造性的工作。而在你精神上、体力上和工作效率都在减退时,换作一些其他工作,或者做一些事先已经安排好了的工作,或者休息一下。

由于人们每天需要干的事情很多,事情又有轻重、急缓之分,大小之别,难免有时顾此失彼,本来想干这件事,不知不觉中却干起了别的事情。所以,在有了工作日程表以后,最好随身携带笔记本和备忘录用纸,这样你不但明确了当天的工作,也明确了此时此刻应该做什么工作。

除随身携带笔记本外,使用卡片也是一个好办法。可以把卡片放在衣袋里、办公桌上、家里的写字台上、饭桌上、电话机旁、床边和厕所里等随时可以看到的地方,时时提醒自己。

心灵悄悄话
XIN LING QIAO QIAO HUA >>>

在工作中,有时突然头脑中冒出一个新颖的想法,或者想起了什么必须干的事,如果这些想法与目前正在做的事有关联,那可以照着去做。如果它并不是要立即去做,今后做会更合适,那就把它记在备忘录上;对那些有意义的设想,可以利用星期天、节假日仔细研究,并加以归纳整理,这样,本来不太明确的事也明确了,你的工作和应办的事就更有条理了。

拟定更合理的时间计划

美国著名管理顾问斯蒂芬·柯维指出："我们都不愿浪费时间,但却很少计较花掉的时光。换句话说,当事业蒸蒸日上时,我们对时间的利用,却没有相对提高。"要改善这种情况,必须拟定时间计划。那么,我们应该如何学习制订时间计划呢? 如下建议可供参考:

(1)充分认识时间计划的好处。

拟定时间计划之所以重要,有几点原因:

①时间计划可以防患未然。

人都有某些预感,但总是事到临头了才感到事态严重。因为我们不能洞察时机,因为我们常常忽略潜藏的危机,以致出了问题一筹莫展。你会有不知要做什么的时候吗? 其实,有好多预备工作等着你做呢! 而你应该把它们列入时间计划。

②时间计划可以驱除罪恶感。

做事时心不在焉,常是罪恶感的原因之一。荒废时间的感觉令人不安。你的内心里有一丝细微的声音在说:"你是行尸走肉,你是社会的寄生虫,你在世上白占一块空间。"如果你的工作不是在工厂的生产线上,你大有浑水摸鱼的机会! 不管在哪里工作,你都可以得过且过。这是社会和公司的损失,而损失最大的其实是你自己。浪费时间的人永远不会赢得精彩的人生。

每天一早你装扮整齐,准备开始一天有效率地工作。你习惯性地批文件、打电话、开会,似乎很有效率的样子,但你真的赚到钱了吗? 如果你是属于业务方面的工作,只有在别人对你的报价点头时,你才真正在赚

钱,其他一切难活儿,都只是准备工作而已。

这也就是说,在这一行,坐办公室不算工作,你的工作是出去和新客户接触。接触的人越多,收入也越高。

③时间计划可以改善家居生活。

和家人相处有两种情况:刺激或冷漠。为自己订立太多目标,将使你和家人相处的时间减少。你要和家人相处在刺激的气氛中,或只是冷漠地住在一个屋檐下?

先给刺激和冷漠下个明确定义。前者是你经过计划,空出一段与家人一块儿讨论分享彼此喜怒哀乐的时间;后者是你满面倦容地和家人在一起。

和家人有意地多接近些:也许只是在一起做做运动诸如散步、游泳之类的活动。每天借着体能活动,来消除心理上的压力。在回到家之前,准备好足够的精神和家人在一起。

不要因为和别人的目标不一样而耿耿于怀,只要自己高兴就行了。

④时间计划是一种自我训练。

计划时间使生活有板有眼。如果不努力工作,我们都会消磨时间。下面几项最容易消磨时间:

电视——电视真是个奇妙的发明。但它和巧克力、威士忌一样必须有所节制。许多人花在电视机前的时间,比做其他任何活动都长。如果有了计划,或许能改变这种状况。

重复——算算看一件事做两次会花多少时间。第一次没完全做好,要花更多的时间讨论、修改,再做一次,这实在浪费时间。投下双倍的资源,只完成一件事实在不划算。

不分轻重缓急——做事没有轻重缓急之分,过一天混一天,没有计划的日子,是一种时间上的浪费。

拖延——有人从来不订计划,因为他们知道自己绝不会照表进行。他们对自己该做的事,毫无兴趣,每当想起该做而未做的事,就产生罪恶感。不写下计划只是不愿面对现实,逃避该做的事。但到头来依然自食

其果。与其拖延，不如好好地计划并实行它，你才能成功。每天早上照照镜子，看看镜中人是不是自己想要的样子。不要抱怨家人、公司、朋友、市场现况和经济情势。是谁造成这些情况的？

消极、负面的想法——所有抱怨、憎恨的言语，都只是一种浪费。害怕、愤怒、嫉妒于你有害无益。此时此刻专心于有利的事，就是走在成功的大道上了。

（2）写下明天最重要的三件事。

拟定时间计划最简便的方法，就是每晚写上三件明天最重要的事情。

抓起手边的任何白纸，告诉自己："我要开始了，明天最重要的事是第一……，第二……。"这种方法立竿见影。而且让你花一些心思在明天，因为你经常太忙，以致无法为明天做计划。

摘记下所有可以想到的事，开始问自己："昨天该做而没做的是什么？"然后再问："哪些事今天应做而未做？"继续问："明天该做的最重要的事是什么？"这张表可能长得不可思议，但不必为此烦恼。

修改到剩下三件事为止。使用这套方法一段时间之后，你会豁然明白：原来自己在工作时，就在寻找这三件事，晚上你很快就能想出明天的工作和需要有哪些。

（3）为工作排列先后顺序。

排列时从最难的开始，排到最简单的事，如果你如此循序进行，就会达到最高办事效率。排好后，不要再想明天的事，一切等到明天再说。你会发现，自己能更清楚地构想出明天如何有效率地——完成工作，而不是面对三件难事。现在把这三件事照顺序解决。从第一件开始。尽量避免干扰，若无法避免其他的急事，要赶快解决，然后回到第一件事，迅速完成，做完以后，就从表上划掉，继续做第二件。依此类推。对于工作，要有坚持圆满完成的态度。

这样进行三星期之后，你会发现比以前没头没绪的做法，多出许多时间。也许一天你只划掉两件事，甚至一件事而已，但你已把当天最重要的事完成了。有很多人从来没有完成最重要的事。倘若你每天能完成三件

事,一个月共九十件,一年超过一千件,你整个人生将为之改观。

(4)每晚都列出计划。

每晚列一张新表,今天没完成地放在明天的第一项。你睡前的目标是选出明天的三件事。

只要决定好就写下来,这是很好的准备了。你的心会在睡眠时帮你工作。你可有过这种经验?在重要会议的前一晚,你会想着明天开会时,我要"让他们看……,告诉他们……,也许他们会问……,我要回答……"。然而,第二天早上,当你面对客户时,强而有力的说词竟脱口而出,让你自己都吓一跳。

心灵悄悄话
XIN LING QIAO QIAO HUA >>>

时间就是生命。时间就是金钱。我们在制定各项计划时,也制定一个时间计划。这样,能有利于我们充分的利用时间,尽早地达到理想的目标。

别把固执当"执着"

人生道路上，我们常常被高昂而光彩的语汇弄昏了头，以不屈不挠、百折不回的精神坚持死不认输，从而输掉了自己！然而，寻梦者终归是徒劳无功的。

一对师徒走在路上。徒弟发现前方有一块大石头，他就皱着眉头停在石头前面。

师父问他："为什么不走呢？"

徒弟苦着脸说："这块石头挡着我路，我走不下去了，怎么办？"

师父说："路这么宽，你怎么不会绕过去呢？"

徒弟回答道："不，我不想绕，我就想要从这个石头上走过去！"

师父："可你能做到吗？"

徒弟说："我知道很难，但是我就要走过去，我就要打倒这个大石头，我要战胜它！"

经过艰难的尝试，徒弟一次又一次地失败了。

最后徒弟很痛苦："连这个石头我都不能战胜，我怎么能完成我伟大的理想？"

师父说："你太执着了！你要知道，有时坚持不如放弃。"

执着，历来被认为是一种可贵而值得称道的精神。但是，执迷不悟的固执，是否又是一种自欺？因种种主客观因素制约难圆其梦，与其一意孤行地固执下去，不如正视现实，咬咬牙，勇敢地放弃。

有些时候,执着不等于不懈努力,执着不等于心怀理想,执着更不等于百折不挠。执着不会让你离成功更近,甚至,执着是一切烦恼和世间苦难的根本。

要想成功,必须不懈努力并没有错,然而,很多人却误读成了"执着=成功",或执着必定成功。这就大错特错了。

苍蝇执着不?永远飞不过那扇窗;驴子执着不?永远离不了那盘磨。看不清形势,看不到未来,更不讲究方式方法,一低脑袋就向前冲,与其说那是"执着",不如说是"一根筋"。

在有些问题上,过度的坚持,会导致更大的浪费。如果没有成功的可能和希望,你屡屡实验是愚蠢的,毫无益处的。

牛顿早年就是永动机的追随者。在进行了大量的实验之后,他很失望,但他很明智地退出了对永动机的研究,在力学中投入更大的精力。最终,许多永动机的研究者默默而终,而牛顿却摆脱了无谓的研究,而在其他方面脱颖而出。放掉无谓的固执,冷静地用开放的心胸做正确的抉择,正确的抉择将会指引你走在成功的坦途上。

现实生活中,我们要有灵活变通的态度,我们要懂得改变和放弃,路走错了及时拐弯,目标错了及时纠正。

扬长避短是确定目标、选择职业的重要依据。有的人在某一方面具有良好的天赋和能力,但不可能有多方面的强项。有的人在研究、治学上是一把好手,而一到管理、经营的岗位,他就一筹莫展,显得能力平平,甚至很差。

人生是个不断探索的过程,失败有时并不是由于你的能力、学识的不足,而是由于你错误地选择了目标。而失败正是给予你一个重新思考、从错误中解脱的良机。

美国著名的不动产经纪人安德鲁最初是葡萄酒推销员。这是他的第一份工作。他不知道还能干什么,于是,他认为自己的目标就是"卖葡萄酒"。最初,他为一个卖葡萄酒的朋友干活;接着,他为一名葡萄酒进口

商工作；最后，他同另外两个人合作办起了自己的进口业务。这并非出自热情，而是因为，正如他自己所说："为什么不？我过去一直在卖葡萄酒。"

生意越来越糟，可安德鲁还是拼命抓住最后一根稻草，直到公司倒闭。他不改行，是因为他不知道自己还能干什么。

事业的失败迫使他去上一门教人们如何创业的课，他的同学有银行家、艺术家、汽车修理工。他逐渐认识到，这些人并不认为他是个"卖葡萄酒的"，而认为他是个"有才能的人""多面手"，他们对他的看法使他抛弃了原来的目标。

他开始猛醒，仔细分析，探索其他行业，检查自己到底想干什么。最后，他选择了和夫人一起进军房地产业，使他取得了推销葡萄酒永远不能为他带来的成功。

许多职业专家认为，一个人一生中至少要经过两三次变换，才能最后找到适合自己特长的事业。而确定自己合理的目标，则需要同样长的一段时间。

18世纪英国的大政治家伯基说过："无法付诸实现的事物，是不值得我们去追求的。在这个世界上，若是经过了解以及正确的追求，而仍然无法得到的东西，那么，这种东西对我们毫无益处可言。"

日复一日，年复一年，永远要有目标——属于你自己的目标，不是别人强加在你身上的目标——是你自己的目标。

目标必须是你自己的。否则的话，你的努力便对你没有好处了。身为一个人，你必须澄清你的思想，除去不相干的事件，并深入你的内心，看清你要达到的目标是什么。

在你拟定自己的目标时，不要让惯常的思想夺走你的决心。假如做一张桌子能使你感到满足，那就是一个值得完成的目标——纵使除你以外的人都觉得没有什么价值，那也没有什么关系。如果写一本500页的书使你感到厌倦，那就是一个不值一试的目标了。为什么？因为它不能

使你满足——尽管别人认为那很重要，你也不必去管它。

凡是目标，不论大小，都有意义——只要它能使你得到成就感。目标本身没有大小，大小全看你的想法。

英国诗人布朗宁在《一个数学家的葬礼》中写道：

"脚踏实地的人要找一件小事做，找到事情就去做；眼高手低的人要找一件大事做，没有找到，生命就走到了尽头。脚踏实地的人做了一件又一件，不久就做一百件；眼高手低的人，一下要做百万件，结果一件也未实现。"

布朗宁的这首诗生动地说明了制定的目标必须"恰当""现实"的重要性。

在生活中，为自己选定适宜的目标是不容易的，往往需要多次调整才能确定方向。执着的追求是应该嘉许和称道的。但如果明明知道不行，却仍旧是一条巷子走到黑，明知客观条件造成的障碍无法逾越，还要硬钻牛角尖，这就不可取了。

若原定目标与自己的性格、才能、兴趣明显相违背，目标实现的可能性就会减小。这就需要适时对目标做科学调整。要及时捕捉新的信息，确定新的、更易成功的主攻目标。

心灵悄悄话
XIN LING QIAO QIAO HUA >>>

明智的放弃，胜过盲目的执着。在通往成功的道路上，有了执着的精神，便有了双足不断前行的动力。但千万不要在道路的岔口，被不理性的风沙迷蒙了双眼，进入固执的死胡同而又不肯回头，否则就离成功越来越远。一旦发现了选择大方向上的失误，就要及时更正，以便更好地发掘自身的潜能，获得更加幸福和成功的人生。

放弃显示不出自己优势的行业

　　许多人在生活中活得十分痛苦，究其根源大都是因为他们错误地选择了职业，除了压力和烦恼之外，享受不到任何乐趣和成就感。一位哲人说："做一个一流的砖瓦匠，也比其他行业的二流人物好得多。"聪明的人懂得，及时放弃不适合自己的职业，选择适合自己性格、心理和能力的工作，并努力做到最好。放弃不适合的职业，该跳槽时就跳槽。

　　今天，人们开始比以往更多地考虑从为数众多的可能性中为自己选择职业。职业选择的过程是一种决策的过程，是将个人特点与工作需求最大限度地相匹配的过程。就像世上没有完全相同的两片树叶一样，世上也没有完全相同的人。每个人都具有独特的、与众不同的心理特点，也总存在着一些适于他做的工作。为了获得职业上的成功，为了生活得更好，有必要更多地了解和更准确地认识自己的特点，更多地了解自己的长处和短处。

　　某市公安局对新进的一批警察进行了业务培训。培训期间，学员们组织了一个篮球队。政治部领导下班后，常来看他们打篮球。教官们便悄悄地告诉他们，要在球场上好好表现自己，政治部对他们每个人的印象，将会决定他们集训后的岗位分配。

　　年轻的小伙子们明白，他们职业生涯中第一次竞争已经无声地开始了。于是在认真受训之余，他们都在球场上拼命地表现自己。每个人都希望通过自己出色的技术动作、奋力拼搏的打球精神引起领导的注意。

　　当别人在篮球架下越战越勇时，他们中有一个学员却越来越灰心，他

是全班个子最小的，而且从小就对篮球不感兴趣。在队友们高大灵活的身躯下，他只能当配角。每次他被别人的假动作迷惑，扑空后，观众席里就会传出阵阵笑声。有一次，他分明看到领导站在边上，边看边摇头。

他不想当别人的笑料，下决心苦练球技。每天，一有空闲，他就一个人抱着篮球在场子里练习。可他发现，如果没有天赋和兴趣，只有压力，他是无论如何也打不好篮球的。比赛时，他照样经常被人盖帽，带球时被人断球是家常便饭。他对自己感到失望了，他不敢想象，自己刚一上班，就成了领导和同事眼中的小角色。

有一天，懊恼的他无意间看了一本书，书上有句话深深震动了他："不要把你的钱投在不熟悉的领域。"他立刻在脑海中引申出另一句话："不要在必败的领域里和人竞争。"他幡然醒悟了："我干吗非要打篮球呢？我并不具备打好篮球的身体素质！更重要的是，我对打篮球不感兴趣。"最后，他毅然退出了篮球队。等到别人再比赛时，他成了一个观众，与普通观众不同的是，他手里多了台照相机。

没过几天，一篇名为《新警察的一天》的短文刊登在当地晚报上，还配有他们打篮球的照片。这篇文章立刻引起了学员们的关注，更引起了教官和政治部领导的注意。此后，这名学员接二连三地在报纸上发表了一系列作品。集训结束后，政治部主任直接把他调进了政治部宣传科，他的职业生涯不比那些打篮球的小伙子们差。

人生就是一场严肃的竞技。你的实力稍差或暂时走弯路没有关系，关键在于大方向是否正确。坚强和毅力固然可敬，但只有在正确的方向下才会发挥作用，否则就会变成一种盲动。很多时候，人更需要的是分辨方向的智慧。不适合做官的，或许可以去做生意；不适合做生意的，或许可以去做学问；长得不漂亮的，可以不比相貌比性情……

每一个人都有自己的兴趣、爱好，都有自己擅长做的事，因而要取得成功，就要把奋斗的目标定位在自己所热爱的事业上，不能选择自己兴趣不大或者毫无兴趣的事。

无论做什么事，都要自身的基本素质所许可，如果是一些特殊的职业，对一个人自身的条件要求会更高。有的职业对身体素质要求比较高，如运动员、演员、飞行员、时装模特儿等等。因而，光有爱好、兴趣还远远不够，还必须具备从事这项职业所需要的身体或智力条件。就像很多人都羡慕运动员、演员的风光，但是，要想使自己成为一名运动员或演员，那不是靠爱好、靠勤奋努力就能够做到的。

生活中许多人之所以不能取得成功，或者成就不大，有很大一部分原因，就是这些人不能认识自己所处的环境和自身条件，结果许多人盲目地去做自己不适宜做的事，失败或成就很小乃是必然的事，所以在力所能及的情况下，工作不适合，就换一份合适的。

当你开始规划自己的未来发展，确定是不是要跳槽时，需要考虑下面这些问题：

（1）你的价值是什么？

你的价值就是你在同老板及同事相处时所获得的东西。对你而言，一些价值具有格外重要的意义，其中包括诚实、正直、公平和协作精神。当这些核心的价值被毁坏时，你就可能丧失对公司的热情，工作表现不佳。把你自身的价值写下来，然后和公司中所通行的而不是所宣扬的价竹观做比较。如果你打算换一份新的工作，你需要弄明白新公司是否与你的期望相符合。

（2）你有哪些特殊技能和才干？

要善于发现自己的技能和才干，把你参加过的全部培训课程列出来，弄明白哪些技能是你能够切实应用的。如果你拥有一般人所不具备的特殊才能，你可以考虑那些非常需要这种才能、会极力欢迎你加入的公司。

（3）你能够在多大程度上承担风险？

换工作常常意味着冒险。你应该考虑到如果事情没有按预期发展，会造成什么样的后果？如果你一连几个月都找不到新工作会怎么样？你该如何维持生计？你的积蓄是否能够支撑你渡过难关？你最需要的是什么？从一份工作中，你最希望获得什么——是自主地做出决定，还是同事

间友好相处？是安全还是压力不大，工作轻松？通过努力，你能否在目前的公司中实现自己的这些需求，或者你需要另换一家公司才能实现？

（4）哪种工作能够最大限度地激发你的工作热情？

你最感兴趣的是什么？哪种类型的工作会使你每天一起床就感到兴奋？在哪种情况下，你会主动长时间工作，并且不至于感到过于疲惫？

（5）你能够在多大程度上忍受挫折？

从事一份新的工作总会有一段调整期。你对新环境的适应能力如何？你是否能够灵活多变地抵御逆境？如果你的回答是肯定的，你就可以应付职业生涯中可能遇到的种种变化。

列出你对自己职业生涯中的哪些方面感到满意，并写明你对目前工作中的哪些方面感到满意。如果你很难在目前的工作中发现自己喜欢的方面，你可能需要换一份工作。

列出你认为从目前的工作中不能得到满足却是最重要的那些需求，把列出的清单放在明显的地方，以便随时查看。

想象你自己从事一份理想的工作，与你目前从事的工作进行比较，并细致地做出评价。列出各方面的优点和缺点，并分别打分。完成之后计算出两者的总分，决定自己是该换一份工作，还是该留在目前的岗位上。

心灵悄悄话
XIN LING QIAO QIAO HUA >>>

聪明人懂得运用自己的优势，会把竞争引向自己擅长的领域；不思变通的人恰恰相反，他们注注十分卖力地把自己逼进死胡同。因此，科学地选择自己的职业目标，及时合理地调整自己的志向是非常必要的。

第四篇 >>>

放弃不良的思想观念，老练处事

我们处在一个竞争的时代，创新是竞争的秘诀。无论对公司，还是个人都是如此。如果不放弃僵化的思想，被习惯思路和主观偏见所束缚，一直停留在惯性思维的路上，墨守成规，不能结合不断变化着的实际，因时而异，因情而异，探索解决新问题的答案，就会成为时代的落伍者。但对于创新来说，新的方法就是新的世界，如果不放弃保守偏见的思想，就难获得新的思路、接受新的事物，就会处处碰壁。人生是短暂的。要想有所成就，就必须轻装前进。因此，有必要舍弃那些旧的思想、观念、意识；不良的情绪；和坏的习惯和行为。

放弃僵化思想，灵活地解决问题

在生活中，你有没有发现过一些人们默默因循的、莫名其妙的、貌似神圣不可侵犯的规章制度，其实已经没有遵守的必要了？许多规则都是限于当时的历史条件而制定的，你在套用某些规则的时候，也要考虑现在的客观条件，否则，就会处处受限。

从前有一个沧州人叫刘羽冲，他性情孤僻，好读古书，爱讲过去的章法，但却泥古不化，不知变通。

他偶然弄到一本古代兵书，研读之后，自称能带 10 万兵。恰好当时有土匪，他自己练兵和土匪较量，结果大败，他自己也差一点儿被活捉了去。

后来，他又弄到一本古代讲水利的书，钻研了有一年时间，自吹可以使千里之地成为沃土，还画了图，游说州官。州官也好事，就叫他在一个村子里试验。刚挖好了沟渠，洪水就来了，顺着沟渠灌进来，一场大水，使村子遭受了巨大的损失。

从此，他便抑郁想不开，常常在庭院中独自踱步，摇头自语道："古人能欺骗我？"每天叨咕千百遍，只有这 6 个字，不久便忧郁而死。

沉溺于古代的人，怎么能愚蠢到这个地步呢？因此古人说，满肚子都是书本知识能败事，肚里一点知识也没有同样能败事。下棋高手不放弃旧棋谱，但不照搬旧棋谱；名医不迷信古方，但不离古方。

古时的妙法不能照搬到当今，此地的高招不能照搬到彼地。后世接

受前人的经验,贵在活用上,但是这个活用,又要恰到好处。刻板地接受前人经验的人,常常会陷入惯性思维。

这些原因不胜枚举。惯性思维也是坚持尝试和试验某些方法的结果,而并没有考虑到你自己或这个世界已经发生了怎样的变化。这就好像直到现在的每天早上,你母亲都为你准备你小时候喜欢吃的早餐一样。当你刚吃了一半就把早餐推到一边时,母亲就会责备你说:"你不是一直都喜欢吃煮鸡蛋的吗?"但那是从前的爱好,现在已经变了。

心灵悄悄话
XIN LING QIAO QIAO HUA >>>

如果同样的方法不奏效时,而你却坚持继续时,这是一种惯性思维。只有从惯性思维中走出来,才能拥有精彩的人生。

主动做事

思想固然重要，但行动往往更重要。人类的基本本性是主动行动而不是消极等待。这一本性，不仅能使我们选择某种特定环境，而且能使我们创造环境。

有人问布莱克："你成为一位伟大的思想家，成功的关键是什么？"

"多思多想！"布莱克回答。

这人满怀"心得"，回去躺在床上，望着天花板，一动也不动，开始多思多想。

一个月以后，布莱克在回家的路上，碰见了那人的妻子。她对布莱克说："求你去见我丈夫一面吧，他从你那儿回来后，就像中了魔一样。"

布莱克到了那人的家一看，只见那人变得骨瘦如柴，拼命挣扎着爬起，对布莱克说："我每天除了吃饭，一直在思考，你看我离伟大的思想家还有多远？"

"你整天只想不做，那你思考了些什么呢？"布莱克问。

那人道："想的东西太多，头脑里都装不下了。"

"我看你除了脑袋上长满头发，收获的全是垃圾。"

"垃圾？"

"只想不做的人只能生产思想垃圾。成功是一把梯子，双手插在口袋里的人是爬不上去的。"布莱克答道。

许多人等待着事情发生，或等待着别人照顾他们。但那些最终获得

好职位的人,都是那些解决了问题而不是为问题所困住的能动型的人。这些人按照正确的原则掌握主动,做了需要做的事件,完成了工作。

从前,有一位满脑子都是智慧的教授与一位文盲相邻而居。尽管两人地位悬殊,知识水平、性格有天壤之别,可两人有一个共同的目标:尽快富裕起来。

每天,教授跷着二郎腿大谈特谈他的致富经,文盲在旁虔诚地听着,他非常钦佩教授的学识与智慧,并且开始依着教授的致富设想去实现。

若干年后,文盲成了一位百万富翁,而教授还在空谈他的致富理论。

那些发挥主动性的人和那些不发挥主动性的人有着天壤之别。这里指的不是效力上的25% ~ 50%的差别,而是500%以上的差别。如果那些发挥主动性的人是聪明、有见地和反应敏锐的人,就更明显了。

心灵悄悄话
XIN LING QIAO QIAO HUA >>>

只想不做,坐在那里等天上掉馅饼,缺乏做事的主动性,这些人的理想和成功只不过妄想。再说也没有那个老板会雇用一个不打一鞭子就不动的人。

不甘于平庸的生活

　　许多人因为没有追求成功的信念，所以，终其一生，无所作为。因此，要想获得比目前更为理想的生活境况，首先必须有追求成功的信念，构建种种可为的蓝图，倾注全身心的精力，去克服一切困难。戴高乐说："伟大的人之所以伟大，是因为决心要做出伟大的事来。"

　　35岁的马克的才能甚至盖过他的老板，但是多年来他一直是个普通的职员，他始终抱着一种最简单的生活目的。虽然朋友多次鼓励他自己创业，暗示他可以做得比老板更好，他却说："我为什么要去做更大的生意呢？我为什么要去承担更多的责任呢？我考虑的只是我自己，而不是别人。我需要尽情享受生活，而不是自寻烦恼。虽然我知道，如果我愿意为此而努力的话，我一定可以取得成功，但是自己创业也是需要花费心血的呀！"

　　不错，一个人职位越高，他所承担的责任也就越大。但是，能充分发挥自己的才智、激励自己不断奋进、利用自己所有的机会和禀赋完成肩负的使命，是会让人得到一种前所未有的满足感的。即使要付出不少努力与代价，承担很多责任和风险，也是值得的。

　　人们总在努力爬向更高、更舒适的位置，努力去接受更好的教育，努力把自己塑造得更加优雅和高尚，努力获得更多的财富，追求更高的社会地位。这种努力塑造了我们的性格，增强了我们的力量。这种推动生命向上的力量，也使别人对我们充满了信心。

几乎很少有人停下来想一想,什么是进取心?进取心是怎么来的?它有多重要?事实上,激励我们前进的,是生命中潜藏的一种最有趣、最神秘的力量。它存在于每个人的生命中,就像自我保护的本能一样。

不甘心平庸,造就了人类伟大的精英。只有进取心才会促使我们改变现状,只有永不满足的激情才会激励我们追求完美。这就是人类进步的奥秘。如果你具有很强的进步欲望,再加上更加积极的努力,你就可以把眼前已经满意的事情做得更好。因为所有的人都具有充沛未经开发的潜能。

20世纪初,美国心理学家威廉·詹姆斯提出假设:一个正常健康的人,只运用了其能力的10%。稍后,又有学者玛格丽特·米德撰文,认为不是10%,而是6%。后来,奥托又估计,一个人所发挥出来的能力,只占他全部能力的4%。心理学家估计的数字之所以越来越低,是因为人所具备的潜能之强大,根据现在的发现,远远超过十年前乃至五年前的估测。

有史以来,仅有极少数的人能够相对充分地发展自己的潜力,这实在是一件可悲的事。真的,几乎所有的人都具有充沛而未经开发的才能。

本杰明·富兰克林是举世闻名的政治家、外交家、科学家和作家。他的多方面的才能令人惊叹:他四次当选宾夕法尼亚州的州长;他制订出"新闻传播法";他发明了口琴、摇椅、路灯、避雷针、两块镜片的眼镜、颗粒肥料;他发现了墨西哥湾的海流、人们呼出的气体的有害性、感冒的原因、电和放电的同一性;他设计了富兰克林式的火炉和夏天穿的白色亚麻服装;他向美国介绍了黄柳和高粱;他最先解释清楚北极光;他最先绘制出暴风雨推移图;他创造了换气法;他创造了商业广告;他最先组织消防厅;他首先组织道路清扫部;他是政治漫画的创始人;他是出租文库的创始人;他提议夏季作息时间;他是美国最早的警句家;他是美国第一流的新闻工作者、印刷工人;他是《简易英语祈祷书》的作者;他是英语发音的最先改革者;他还被称为近代牙科医术之父;他创立了美国的民主党;他

创设了近代的邮信制度；他想出了广告用插图；他创立了议员的近代选举法；他的自传是世界上所有自传中最受欢迎的自传之一，仅在英国和美国就重印了数百版，现在仍被广泛阅读；他作为游泳选手也很有名……

值得一提的还有美国第三任总统托马斯·杰弗逊。他的丰功伟绩令人难以置信。他对自己的能力具有超凡的信心。他在两任总统的任期中，完成了著名的路易斯安邪购买案，许多历史学家称之为美国历史上最卓越的交易。当然，在此之前，他还完成了名垂青史的《独立宣言》草案。

作为一个政治家，杰弗逊的其他成就也多得不胜枚举。美国历史上，没有几个政治家能够与他相比；若说有人能够超越他的成就，实在值得怀疑。

当然，并不是说我们若无法达到富兰克林和杰弗逊这种不朽的成就，就算是失败。但是我们应该竭尽所能，贡献于世界；不论你具有哪一种能力，都应该善加利用，尽量发掘出来。英国著名的评论家海斯利特曾说："低估自己者，必为别人所低估。"

心灵悄悄话
XIN LING QIAO QIAO HUA >>>

池田大作说："平庸的生活使人感到一生不幸，波澜万丈的人生才能使人感到生存的意义。"一个人的行为习惯，将决定他人生的高度。我们能否成功，在某种程度上取决于自己对自己的评价，这就是定位。定位能决定人生，定位能改变命运。只要你不把自己束缚在心灵的牢笼里，谁也束缚不了你去展翅高飞。

正确对待自己的错误

常言道,智者千虑,必有一失。人再聪明,都有犯错误的时候。人犯了错误往往有两种态度,一种是拒不认账,另一种是坦率承认。

采用拒不认账的方法的好处在于不为后果负责,就算要负责,也把相关的人都包括在内,谁也逃脱不了干系。这样,能推就推,能躲就躲,保住了面子,又避免了损失,这是从表面上看。实际上,我们既然已经犯有错误,硬不认账的结果是弊大于利。首先,我们所犯的错误若是尽人皆知的大错,我们的抵赖只能让人觉得我们腰杆子太软。如果我们犯错误的人证物证俱存,责任又逃避不了,我们再抵赖也只是枉费心机。如果是鸡毛蒜皮的小错,那我们就更不用顽固,顽固会使我们在别人心中造成更坏的印象。而且我们一旦拒不认错,形成习惯,那还谈得上培养解决问题的能力吗? ——我们认为自己"一贯正确"!

第二种态度是坦率认错。承认错误,就有可能承担责任,独吞苦果。但在绝大多数的情况下,别人对犯错误的人是不会一棍子打死的,既然我们都认错了,还要如何?

坦率认错的好处还在于,首要的是为自己树立敢做敢当的形象。承担责任,不推诿过失,受人尊敬、喜欢,认一个错又有什么大不了的呢? 其次要勇敢地面对错误,今后才能避免错误,从而提高自己的水平和能力,使错误成为上进的磨刀石。还有,我们的坦率认错,或许会得到他人的训斥,我们无形中处在受难者的地位,而众人从心理上往往是同情受苦受难者的,我们获得的是人心。

所以,人不怕犯错误,就怕犯了错误以后不认错,不改错。我们坦率

认错,想办法补救,并在今后的表现中加以改进,谁都不得不承认我们是一个不错的人呢!一个人只有养成了正确对待错误的习惯,才能不断战胜自我,从失败走向成功。

对待自己错误应该采取的正确态度是:

(1)坦率地承认和检讨。

当我们不小心犯了某种大的错误,最好的办法是坦率地承认和检讨,并尽可能快地对事情进行补救。只要处理得当,就能减轻错误所可能带来的严重后果。

(2)对自己宽容,犯了错误不过分自责。

在这个世界上,谁都难免犯错误,即使是四条腿的大象,也有摔跤的时候。"人要不犯错误,除非他什么事也不做,而这恰好是他最基本的错误。"

反省是一种美德。对自己做错了的事,知道悔悟和责备自己,这是敦品励行的原动力;不反省不会知道自己的缺点和过失,不悔悟就无从改进。

但是,这种因悔悟而对自己的责备应该适可而止。在你已经知错、决定下次不再犯的时候,就是停止后悔的最好的时候。然后,我们就应该摆脱这悔恨的纠缠,使自己有心情去做别的事。如果悔恨的心情一直无法摆脱,一直苛责自己,懊恼不止,那就是一种病态,或可能形成一种病态。

我们不能让病态的心情持续。我们必须了解它是病态,精神遭受太多折磨,有发生异状的可能,那就严重了。

所以,当我们知道悔恨与自责是过分的时候,要相信自己能够控制自己。告诉自己:"赶快停止对自己的苛责,因为这是一种病态。"为避免病态具体化而加深,要尽量使自己摆脱它的困扰。这种自我控制的力量是否能够发挥,决定一个人的精神是否健全。

(3)从所犯的错误中吸取教训,获得成功的智慧。

大多数人由于不知道如何犯错误和从错误中悟出道理,所以只是一味地逃避错误。他们却不知道,这种行为本身已铸成大错;还有一些人犯

了错误却没能从中吸取教训。这些都是为什么有如此多的人总是循环往复地犯着自己以前曾经犯过的错误。他们会一而再、再而三地犯错，就是因为他们不知道如何从错误中吸取教训。

要正确对待错误，首先要坦率认错、真诚道歉。俗话说："人非圣贤，孰能无过？"如果我们错了，就要及时承认。与其等别人提出批评、指责，还不如主动认错、道歉，这样更易于获得谅解、宽恕。凡是坚信自己一贯正确，发生争端总是武断地指责对方大错特错，从不认错、道歉的人，根本交不到朋友，或难以交友，永远缺乏知心人。

真心实意地认错、道歉，就不必推说客观原因、做过多的辩解。就是确有非解释不可的客观原因，也必须在诚恳的道歉之后，再略为解释，而不宜一开口就辩解不休。否则，我们对自己的错误实际上是抱着抽象否定、具体肯定的态度。这种道歉，不但不利于弥合双方思想感情上的裂痕，反而会扩大裂痕、加深隔阂。

诚心诚意的道歉，应语气温和、坦诚但不谦卑，目光友好地凝视对方，并多用如"对不起""请原谅""请多批评指教"等礼貌词语。道歉的语言，以简洁为佳。只要基本态度已表明，对方已通情达理地表示谅解，就切忌啰嗦、重复。否则，对方不能不怀疑我们在以小人之心度君子之腹，唯恐他不谅解。

有时候，自己本来没有错，也要道歉。如纯属客观的原因，比如气候变幻无常、意外的交通事故等等，使我们无意失信，给对方带来一些麻烦、损失，为什么不可以道歉呢？一味推客观原因，对方口头上不好责怪，但心情总是不愉快的，那就不利于增进友谊。如果我们有事求助于人，对方尽了最大努力，由于受多方面条件的限制，事未办成，但他为此付出了艰辛。或事虽办成了，但对方付出的劳动，给他带的麻烦，比我们原先预料的要多得多。凡通情达理者，岂能毫无内疚之感，不说几句发自肺腑的道谢兼道歉的话呢？这体现了我们对他人劳动的尊重，而且以后有求于他，也好再开口啊。

初相识时，我们主动表示歉意，就有助于较快消除对方可能有的隔

阂、戒心，加强彼此之间的理解、信任及至合作，从而达到化解不和谐情绪之目的。

总之，为了减少各种隔阂和矛盾，使人际关系更加和谐，一定要养成坦率认错、真诚道歉的习惯。

心灵悄悄话
XIN LING QIAO QIAO HUA >>>

一个人在前进的途中，难免会出现这样或那样地过错。人们大都有一个弱点，喜欢为自己辩护、为自己开脱。而实际上，这种文过饰非的态度常会使一个人在人生的航道上越偏越远。对一个欲求达到既定目标、走向成功的人来说，正确对待自己过错的态度应当是：过而不文、闻过则喜、知过能改，认真吸取教训，避免重蹈覆辙。

追求自强自立

自强自立是中华民族生生不息的精神源泉。自古中国人都非常强调和崇尚自强自立的精神。自强自立就是指依靠自己的努力,立足于社会;依靠自己的能力行动和生活。

陶行知有这样一段名言:"滴自己的汗,吃自己的饭。自己的事情自己干,靠人靠天靠祖上,不算是好汉。"要使我们的力量和才能获得发展,不能依靠他人,而主要靠自己。一个能够抛弃凭借,放弃外援,主要依赖自己努力的人,才能得到真正的胜利。自立是开启成功之门的钥匙。

从理论上讲,每个人都是可以自立的,然而真能充分发展自己独立能力的人却很少。依赖他人,追随他人,按照他人的想法去做事,自然要比自己动脑筋轻松得多。但是若事事有人替我们想、替我们做,必定有害于我们事业的成功,也不利于我们的成长。一个人在依赖他人时,无法感觉到自己是一个"完全的人",只有当他可以绝对自立自强时,他才可以感觉到自己是一个无缺憾的人,才能感觉到一种光荣和满足。而这种光荣与满足,是别的东西所不能给予的。

假如我们能不借外力,自立自强,我们就能发挥出意想不到的力量,我们离成功也就不远了。

张海迪虽然一身轮椅相伴,不能"步足千里"却能"阅览天下"。她在无名师指导的情况下,凭着顽强的毅力学会了三门外语,这对于一般人来说都是一件很不容易的事情,然而,张海迪却凭着自立、自强的精神做到了。不仅如此,她在文学创作方面也有显著成就。在她的作品中,我们可

以很明显地看出她那种自强不息、自立的性格。如果她不是一个自立的人,凭自己是残疾人而依赖别人,靠父母,这样子她会有今天的辉煌成就吗?

当我们觉得际遇不如人、孤立无援的时候,奋发自强的心便是我们的最好支柱。因为这颗心能令我们无论在什么环境也誓不低头,发挥最大潜力;有了这颗心,我们便坚如磐石,受得起人生中的大风大浪!

做一个自强自立的人,就是要做一个敢于坚持自己的权益和见解的人,在正确的事、物面前不受任何主观因素的影响。要知道,只要敢于坚持自己的理想信念,才能在当今竞争激烈的环境中得以生存,乃至于达到我们人生所需的最高境界。

每个人都有渴望成功和维护自己权益不受别人支配的能力。在此,一个人要想摆脱困境不受别人支配,就要敢于坚持自己的权益和见解,同时在我们认为已占上风之时切忌把自信变为自大。这就好比锐利的刀刃虽然好割切,但容易遭受缺损;锋芒的言辞虽然善辩论,但容易丧气。故此,作为一个有能力的优秀人才,必须具有良好的修养道德。

健康的人际关系能把依赖和独立调整到最佳的平衡状态;当这个平衡被打破时,即有的人依赖性太强或过分独立时,就会出现这样或那样的问题。在你的生活中,你可能经历过这种失衡的情况。在有的关系中,你可能对对方有很大的依赖性,而对方却较独立;而在另外的关系中,你可能感到对方不能很好地尽责,过分依赖你。

在你的生活中,你可能对不同的人扮演着这两种角色,有时候,你并不是故意这样去做,完全是一种自发的行为。例如,你可能在情感上非常依赖你的父母;但是,在与朋友的关系中,你则较为独立。或者在工作中,你可能发现你自己事事要征得老板的同意,过分依赖上司的指导;但是,在与恋人相处的过程中,则能做到独立。此外,在相同的关系中,也可能有不同的发展阶段,有时较为独立,有时则表现出较多的依赖性。

如果你发现某种关系失去了平衡,例如,你或是过分地依赖或是过分

的独立,那么,你该怎样做才能使两者达到平衡呢?健康的关系需要一个强大和安全的"自我感"。当你感到在关系中过分地依赖时,这是你的"自我感"软弱,是你从外界寻求稳定、力量和完整的征兆。既然你不能全身心地爱你自己,那么,你就希望其他人能填补这个空隙,而这是不现实的期望。

有的人总爱说"我不知道如果你离开我,我该怎么办"这样的话,这表明他或她缺乏独立感。实际上,其他人的爱抚并不能弥补你自己自爱的缺乏,既然你都看不起自己,不认为自己有值得别人爱的地方,那么,你就不会完全地去接受他们的爱。因此,在依赖的关系中是没有安全感的。处于这种关系的人常常爱问:"你真的爱我吗? 你能再说一遍吗? 你能对我证明这一点吗?"但是,在依赖的关系中,你越急迫渴望,对方就可能离你的期望越远。克服依赖思想要在自爱和自尊的基础上,从培养你强有力的"自我感"做起。

有趣的是,在人际关系中,过分的独立来自与过分地依赖一样的人格动力,即软弱的"自我感",缺乏足够的自爱和自尊。因为这种内心的脆弱和较低的自尊使你很难与他人建立亲密的关系,而要与他人建立亲密的关系,必须有不怕被排斥和受伤害的勇气。过分的独立常常会逃避亲密,因为他们害怕情感的亲密有朝一日会被冷酷的分离所取代。克服这种由过分独立而引起的疏远的办法,与对待过分依赖的办法完全一样:培养你强大的充满活力的自我感,因为这种自我感是建立在自爱和自尊的基础之上的。

我们要讲的自强自立,并不是说一点都不依靠别人,而是不要过分地依靠别人。所以自强自立要改变的是过分依赖的不健康的心理。

人们的依赖心理,相互间的依赖关系,我们可以粗分为物质上的依赖和精神上的依赖。在日常生活中,最为常见的是物质上的依赖,多体现在家庭成员间。精神上的依赖则较难发现,多是依赖荣誉、地位、奖赏、羡慕等;也有的是依赖爱情,某种价值等。这些依赖过分强烈,就会影响一个人的成长、成熟,妨碍一个人的心理健康。

有些人并不是不知道自己的依赖性，也为此而苦恼，他们也羡慕独立的人。独立自主者一般都不过分屈从于周围的压力，也不受偶然因素的影响而违心行事，多是有自己的在一定情况下的行事信念，并以此出发规定自己的行为举止。在成长过程中一个人自身的发展更多地依赖于自身的能力和潜力，而不是依赖某一种社会、自然与人际环境。这才是一种健康、成熟的心理体现与行为表现。

要改变过分依赖别人的不健康的习惯和心理，可参考如下建议：

(1)承认依赖症。

有些人有了对别人依赖过强的心理，也许就是患上了依赖症。

患上依赖症后，会很难把握自己，不知道正常状态应该是怎样的。这时候看看自己有没有类似的情况出现？

"不管怎样，这件事都要先做"，在我们的生活里，就有这样的一件事。

这件事会对身体或者经济带来不良影响；自己已经发现了它的坏影响，可就是没法放弃，总是重蹈覆辙。哪怕只有一条符合，我们就已经在依赖症的边缘了。如果你认识到这一点，就可以找到对症下药的解决办法。

(2)不自责。

患上依赖症的人，有时会对自己苛求，希望自己能在拒绝依赖的过程中变得更坚强些，但这种过度的自我控制有时反而会取得适得其反的效果，有的甚至越陷越深。如果有什么事情是自己想去做的，但是实际实践过程中却没能办到，这也没什么关系。不要责怪自己，要学会经常自我表扬。

(3)寻找导致依赖的原因。

如果是家庭原因而不是你自己的懒惰所造成的，那么向家人正式宣布，你要改变自己的依赖行为，希望他们能够理解并支持你，你的家人一定会欣慰的。他们不会再事事替你操心了，有些事情你就必须自己去面对了。如果是你的懒惰所造成的，那么你可要认识到，懒惰将使你一事无

成。现在你有父母可依赖,那么以后呢?所以你必须不怕吃苦,改掉懒惰不爱动手的习气。

(4)要充分认识到依赖心理的危害。

要纠正平时养成的习惯,提高自己的独立能力,不要什么事情都指望别人,遇到问题要做出属于自己的选择和判断,加强自主性和创造性。要在生活中树立行动的勇气,恢复自信心。自己能做的事一定要自己做,自己没做过的事要锻炼做。

(5)独立自主解决困难。

不要一遇到困难就请求别人帮忙,要自己去解决。失败了,作为教训,以后就知道正确的该如何做。独立自主往往是在失败了第一次之后学来的。将经验积攒下来,你就有了对付生活难题的把握,而不用去依赖别人,也不会产生无助感。

(6)不理睬那些企图支配我们的人。

不必要依照别人的感情来确定自己的价值,也不必解释和反驳。因为你不可能向这些人解释清楚,相反还会纠缠不清。别人的评价,只能代表别人对事物的看法,并不是真理,神圣不可改变。你认为可以听的就听,认为可以不听的就不听。

心灵悄悄话
XIN LING QIAO QIAO HUA >>>

不论碰到什么问题,要自己动脑筋思考,要用自己的力量去克服困难。自强自立是现代社会人所必备的素质,在生活中,一定要放弃依赖、追求自强。不能自强自立的人,必然被激烈竞争的社会所淘汰。

不要随波逐流

生活在现代社会，做一个随波逐流的人，要比依照自己的鼓声节奏前进的人容易得多。一个人要做到无论何时都能够把握住自我，不管大家现在都做些什么，也不管目前正好流行什么，是需要相当的自信与独立的。

爱默生有这样一句名言："要成为一个顶天立地的男子汉，就必须不随波逐流。"

在你人生远航的路上，你不要拒绝别人的帮助，但要记住：长远来看，你依然是自己那艘船的船长，掌舵的是你，而这艘船是驶向你要去的地方——你必须是发号施令的人。毕竟，你未必喜欢他人的目的地。

米勒从偏僻的农村来到繁华的巴黎，为了换钱吃饭，他只能画最畅销的裸体画。

一天晚上，他孤独地踯躅于巴黎街头，在一个明亮的橱窗前，他听到两位青年在议论着陈列在这里的一幅少女裸体画：

"这幅画糟糕透了，简直令人厌恶。"

"是啊，米勒画的嘛。他是个除了裸体女人，什么也画不出来的人！"

他回到家中，痛苦地对妻子说："我决定今后不再画裸体画了，即使生活将会变得更苦，又有什么办法呢？我已经厌恶巴黎，我想回到农村去，住到农民中间去！"

米勒很快移居到巴黎附近的巴比松。在这里，他用自己烧的木炭来画素描，靠朋友的接济度过最困难的日子，还要经常对付资产阶级文人学

士在艺术上对他的诋毁和攻击。但是,他始终没有动摇,坚持表现农民题材,他画的《播种》《拾穗者》《扶锄的人》等都是世界美术史上十分著名的作品。巴比松风景优美,附近就是枫丹白露森林,后来一群画家聚集到这里,形成了著名的巴比松画派,米勒是这个画派的代表。

这位享有"农民画家"之誉的法国现实主义艺术大师说过:"我生来是一个农民,我愿意到死也是一个农民。我要描绘我所感受到的东西。"

随波逐流是许多人的通病。知识分子看到 MBA 吃香了,就一窝蜂地赶着去为自己镀金;大家看到炒股炒基金的赚了,借钱也要入市一回;农民看到别人种西红柿卖了高价,于是就把地里的黄瓜拔了种西红柿。其实,在潮流面前,我们更应该保持清醒的头脑,有时候你的能力并不适合在目前的潮流里打滚,那就要看清自己的特长和兴趣是什么,找准发展的方向。如米勒,他不适合当画裸像的贵族画家,那么就当农民画家好了,一样挺好、挺出色!

在追逐你的人生理想的时候,你必须信任你的直觉,感觉什么是对的,什么是错的。当初哥伦布船上的船员都力促他返航,但他不为所动,继续他的航程。你必须学着培养"独立自主"的能力。它与自信非常相似,但却不全然相同;它与狂热也相近,而狂热正是独立自主的持续动力。

在你一路攀向顶峰时,很多时候当你环顾四周,会发现自己竟然是如此孤独,就像苏轼所说的"高处不胜寒"。你可能突然想到:"我要依靠谁? 我要与谁同行? 谁会领着我走过艰辛的一程又一程?"

答案只能是:你自己。现在你一个人正步履蹒跚地朝着目标前进,而你所依恃的正是那份独立自主的能力。你要不断努力去做你认为是对的事,那些你在内心里相信应该去做的事。

即使你发现自己是如此的孤独,如此的与众不同,你仍然应该为所当为。别人可能会要你向大家看齐。但想想看,如果大家都像是一个模子里刻出来的,那么,这个世界会是多么单调乏味啊! 毕竟,在这个世界上,没有两个人的指纹是相同的,也没有哪两个人的声波是相同的,就连雪花

也片片不同。

你所要遵守的规则就是：当你独自在事业以及生活的领域里站稳脚跟时，要确定你不会阻碍别人拥有相同的权利。让他们也保有他们的立足点，同时如果有必要，要让他们协助你保有你自己的立足点。

正如一位哲人所说的："除了你自己之外，绝对没有一个人对你的命运操有最后的决定权。"

你敬重父母、朋友，但是你最亲密的友人是你自己。你要先和自己做朋友，要先敬重自己；在博得别人好感之前，先获得自己好感，你拥有的最大财富，是你对自我能力的评价和对未来的规划。不管是谁，都不能把它夺走。假如有人这样做，那是他固执己见，想要让你过他的生活，而非你自己的生活。

当然，你可以聆听父母、朋友的忠告，可是在最后关头，要自己决定想做什么。只要你想做的，是在自己能力、知识范围之内，只要你想做的不会损害他人，那么，积极地向你的目标迈进，不要让任何人使你在航程中转向；因为你必须认准你的目标，你必须到达你的目的地。

你的目标和父母、朋友的目标是不相同的，千万不要选择适应别人的事业，那是失败和苦恼的开端。尊重他人坚守的原则，也就是尊重自己坚守的原则：你，才是自己命运的主宰，所以我们在某些时候一定要坚守原则，实现自我的人生。

哲学家苏格拉底曾被人贬为"让青年堕落的腐败者"。

美国职业足球教练文斯·伦巴迪当年曾被批评"对足球只懂皮毛，缺乏斗志"。

贝多芬学拉小提琴时，技术并不高明，他宁可拉他自己作的曲子，也不肯做技巧上的改善，他的老师说他绝不是个当作曲家的料。

如果这些人不是"走自己的路"，而是被别人的评论所左右，怎么能取得举世瞩目的成绩？

人生的成功自然包含有功成名就的意思，但是，这并不意味着你只有做出了举世无双的事业，才算得上成功。世界上永远没有绝对的第一。

看过马拉多纳踢球的人,还想一身臭汗地在足球队里混吗?听过帕瓦罗蒂唱歌的人,还想修炼美声唱法吗?——其实,如果总是担心自己比不上别人,只想功成名就,那么世界上也就没有帕瓦罗蒂、马拉多纳这类人了。

一位著名的作家说得好:"有大狗,也有小狗。小狗不该因为大狗的存在而心慌意乱。所有的狗都应当叫,就让它们各自用自己的声音叫好了。"

实际上,追求一种充实有益的生活,其本质并不是竞争性的,并不是把夺取第一看得高于一切,它只是个人对自我发展、自我完善和美好幸福的生活的追求。那些每天一早来到公园练剑、练健美操、跳迪斯科的人,那些只要有空就练习书法绘画、设计剪裁服装和唱戏奏乐的人,根本不在意别人对他们姿态和成果品头论足,也不会因没人叫好或有人挑剔,就停止练习、情绪消沉。他们的主要目的不在于当众展示、参赛获奖,而是自得其乐,满足自己对生活美和艺术美的渴求。

所以说,真正成功的人生,不在于成就的大小,而在于你是否努力地去实现自我,喊出属于自己的声音,走出属于自己的道路。

心灵悄悄话
XIN LING QIAO QIAO HUA >>>

丘吉尔有一句名言:"宁肯孑然而自豪地独守信念,也不能不辨是非地随波逐流!"人们都喜欢说随缘。然而,随缘不是得过且过,因循苟且,而是尽人事听天命。一个人所抱持的人生态度,可以是与世无争,可以是清心寡欲,可以是随遇而安,但是不可以没有自由行事的准则,不可以没有理想,不可以随波逐流。

放弃不良思想，争取成功人生

一位心理学家指出，世间大部分的贫穷，都是一种病态，是不良生活、不良环境、不良思想的结果。

我们知道，贫穷是一种反常的状态，因为它是所有的人都不希望的，它与人类的最高幸福和愿望相背离。"富裕""充足"，天下众生都应有份。所以，假使人们坚决地要求着，并不断地奋斗着去争取这富裕、充足，那么，总有一天你会认识这条简单的道理——人人都能成功！

假使普天下的贫困者，能够从他们颓丧的思想、不良的环境中转身过来，而朝着光明愉快的方面；假使他们能立志要脱离贫困与低微的生存，这种决心，一定可以使社会飞速进步。

许多人总以为自己已尽了最大的努力同贫穷去斗争；实际上，他们还没有尽其一半可能的努力呢！

就事实而论，世间许多的贫穷，大都由懒怠所造成，大都由奢侈、浪费及不愿努力、不肯奋斗所造成。除奢侈、浪费以外，懒怠之足以败人事业比任何东西都更甚；而奢侈、浪费与懒怠，往往是无独有偶、携手同行的。

为了获得理想的人生，一定要培养坚强的品格，树立与贫穷、困境誓不两立、水火不相容的思想。

自恃与自立，是坚强品格之基石。我们常能发现，在那些虽则贫穷、虽则不幸，而仍然努力奋斗的人中间，这种品格非常坚强。但是一个因失掉了勇气，失掉了自信，或因懒得去付"富裕"之代价而至于贫穷的人，却没有这种坚强的品格。同那些在不断地去取得富裕的努力中锻炼出大量的精神力、道德力的人相比较，这种人是一个弱者。

放弃——放弃延伸芳草路

当你坚定意志,要在世界上显出你的真面目,要一往无前地朝成功、富裕的目标前进,而世界上没有一件东西可以推翻你的这种决心时,你会发现,这种自尊心理同自信心理,是可以给予你无穷力量的。

最足以损害我们的能力、破坏我们的前途的,无过于与目前的不幸环境相妥协,以不幸环境为固然,而不想去挣脱它。

因为自己不能像富裕的人一样地生活,不能享受富裕的人所有的享受——贫穷的人往往灰心丧气,不想奋斗。他们不想通过自己的努力,而尽可能地走出困境,摆脱贫穷。

大部分贫穷者的毛病,是他们没有建立可以脱离贫穷的自信。他们已经同贫穷妥协,以贫穷为他们应有的命运。

到了一个人停止战斗、放下枪械、竖起白旗的时候,除了恢复他已经失去的自信心,和赶走他脑海中的宿命论的观念以外,实在别无办法!

上天决无意叫任何人甘于贫穷,滞留于痛苦不幸的环境中。

聪明的人懂得,得过且过、消极避世总不是真正的人生态度。贫穷本身并不可怕,可怕的是贫穷的思想,是认为自己命定贫穷、必须老死于贫穷的这种信念!

为了人生的成功,一定要克服一切贫穷的思想、疑惧的思想。从你的心扉中,撕下一切不快的、黑暗的图画,挂上光明的、愉快的图画。同时孜孜不倦地奋斗,改变得过且过的思想,努力地做好该做的事

哈佛大学第 22 任校长洛厄尔曾说过这样一段话:每一个人都不必为自己没有进入理想的学校,或者有过某些过错与损失而悲伤不止。相反,你们应该更加努力地去接受现实生活中的每一件事。事情已经发生了,无论你怎样悔恨和叹息都是没有用的。你唯一可做的是轻松愉快地接受它,更加努力地做好你该做的事。

高中毕业后,猫王靠开卡车为生。1953 年,他用开车攒下的钱在孟菲斯市的一个录音棚里录制一盘自弹自唱的磁带,作为给母亲的生日礼物。机缘巧合,录音棚老板山姆·菲利浦斯听到他的歌声,并被这个卡车

司机独特的演唱风格和对音乐的执着深深打动了。山姆立即跟猫王签约，请他加入自己的太阳唱片公司。

玛丽莲·梦露，原名诺玛·吉恩·默顿森，出生在美国洛杉矶。1944年，梦露在军工厂流水线车间上班时，被一个陆军摄影师注意到了。摄影师请她为几幅宣传画做模特，她从此走红。不久，一家模特中介公司与梦露签约，并送她进表演班学习。1946年，她正式加入20世纪福克斯电影公司。

塞缪尔·莫尔斯从耶鲁大学毕业后，在伦敦学习绘画，后来发展为一个成功的肖像画家和雕塑家。1825年他捐资建立了纽约国家设计院，次年，成为该院首任院长。1832年，他受聘于纽约大学艺术系，成为该系的绘画和雕塑教授。任教期间，他发现化学和电学中有个奇妙的世界。几年后，他研制出一部电磁通讯仪器，并为这个仪器创造了一套密码——莫尔斯电码。

麦当娜于1958年出生在密歇根州，高中毕业后进入密歇根大学，并获得舞蹈系的奖学金。但她两年后辍学，前往纽约寻求发展。成名之前，她在德肯油炸圈饼店里当售货员。之前她当过清洁工和衣帽间的侍者。

肖恩·康纳利1930年出生于苏格兰的爱丁堡，他做过泥瓦匠、游泳馆的救生员等工作。1950年他在"世界先生"健美赛上获得季军后，开始在电影里饰演一些小角色，但日常开支还要靠给棺材刷油漆和上光的收入。后来因为出演《诺博士》中的詹姆斯·邦德（007）一炮而红。康纳利共主演过6部007系列片和很多脍炙人口的影片，并获第60届奥斯卡最佳男配角奖……

如果你现在的生活环境不是你梦寐以求的理想环境，不要悲观，因为包括前面介绍的很多名人都曾有过与你相同的境遇。

最重要的不是我们现在在什么地方，拥有什么样的条件，而是我们正在朝着什么方向迈进，制定什么样的目标和计划，然后付之努力。

放弃——放弃延伸芳草路

1979 年曾获得诺贝尔物理学奖的温伯格，在《科学导报》上发表了一段答记者问。记者问："你觉得哪些是科学家必须具备的素质？"温伯格答道："这个问题因人而异，不同的人可以按不同的途径达到很高的成就。每个理论物理学家必须具备一定的数学才能。但并不能说数学最好的人，就会是最好的物理学家。很重要的素质是'进攻性'，它不是人与人关系中的'进攻性'，而是对自然的'进攻性'。不是安于接受书本上的答案，而是尝试发现有什么与书本不同的东西。"

那些具有"进攻性"的人，思想活跃，不满足现状，较少受习俗的束缚，勤于探索，渴望创新，最终人们将会从内心对他发出由衷的钦佩。因为敢于冒尖，是以科学态度待人待事的一种进取的美德；相反，思想僵化，墨守成规，得过且过，安于现状的人，最终会被人厌弃的。

明治维新时，功臣之一的坂本龙马常和西乡隆盛长谈，坂本的谈话内容和观念每次都有一点改变，使西乡隆盛每次的感受都不一样。于是，西乡就对他说："前天，我遇到你的时候，你所讲内容和今天又不一样，所以你说的话，我有所存疑。你既然是天下驰名的志士，受到大家的尊敬，应该有不变的信念才行。"

坂本龙马就说："不，绝对不是这样。孔子说过'君子从时'。时间不停地流转，社会情势也天天在变化。昨天的'是'成为今天的'非'，乃是理所当然。我们'从时'，便是行君子之道。"接着又说："西乡先生，你对一个事物一旦认为是这样，就从头到尾遵守到底，将来你一定会变成时代落伍者。"

人世万物始终在替换更新。但在转变中，唯一永远不变的就是真理，这也就是从宇宙中产生出来的力量。因此，所谓转变及日日新，便是把这种真理因时因地加以活用的结果。若以为真理是不变的，就不再活用变通，真理就等于死了一样。

如果每天只是翻来覆去，没有目标地过日子，人生就毫无意义了。倘若希望人生是繁荣、和平与幸福，生活就不应是如此单调反复。今天应该

比昨天进步，明天比今天更进步，也就是每天生命要有所成长。有句俗语"十年如一日"，就是说十年的努力就好像一天的努力那样充满活力和恒力。它强调的是勤劳、努力与毅力这种精神，并不是说在这过程中不要有任何进步。这种十年如一日的努力，一定会产生新颖的创意和实现长足的进步。

心灵悄悄话
XIN LING QIAO QIAO HUA >>>

我们不要满足于现有的温饱和生存状态，怀着得过且过的思想，漫无目的地虚度余生。人只有不断挑战和突破才能逐渐成长。长期固守于已有的安全感中，就会像温水里的青蛙一样，最终失去跳跃的本能。

放弃虚伪，做真诚的自己

《菜根谭》中说："文章做到极处，无有他奇，只是恰好；人品做到极处，无有他异，只是本然。"一个人的思想、品格、言行，都要发自内心、自然而然地表现出来，不能为了某种功利的目的矫揉造作，掩盖自己的真实面目，扭曲自己的本性。也就是说，做人首先要真诚。

真诚的反面是虚伪，自欺欺人，靠戴假面具过日子。

傍晚，一只羊独自在山坡上玩。突然，从树木中蹿出一只狼来，要吃羊；羊跳起来，拼命用角抵抗，并大声向朋友们求救。

牛在树丛中向这个地方望了一眼，发现是狼，跑走了；

马低头一看，发现是狼，一溜烟跑了；

驴停下脚步，发现是狼，悄悄溜下山坡；

猪经过这里，发现是狼，冲下山坡；

兔子一听，更是飞箭一般离去。

山下的狗听见羊的呼喊，急忙奔上坡来，从草丛中闪出，咬住了狼的脖子。狼疼得直叫唤，趁狗换气时，怆惶逃走了。

回到家，朋友都来了，

牛说：你怎么不告诉我？我的角可以剜出狼的肠子。

马说：你怎么不告诉我？我的蹄子能踢碎狼的脑袋。

驴说：你怎么不告诉我？我一声吼叫，吓破狼的胆。

猪说：你怎么不告诉我？我用嘴一拱，就让它摔下山去。

兔子说：你怎么不告诉我？我跑得快，可以传信呀。

在这闹嚷嚷的一群中，唯独没有狗。

真诚坦率的人不失本色，自然有感人的力量。虚伪矫饰的人，一生都在演戏，给人留下伪妄可憎的形象，自己也丧失心灵的本性，忍受心理上的折磨。

真诚的人表现为襟怀坦白，秉公持正，坚持原则，刚正不阿。正直的反面则是伪善狡诈。正直的人，对人对事公道正派，言行一致，表里一致；虚伪狡诈的人伪善圆滑，曲意逢迎，背信弃义，拿原则做交易。正直和真诚是互相紧密联系的。只有真诚才能正直，反之亦然。观察一个人，可以把这两个方面联系起来，看他是真诚直爽，还是虚伪圆滑；是光明正大，还是阴险诡诈。这是区别人品的重要标准。

无私是真诚、正直、仁厚的思想基础。古人的所谓"有欲甚则邪心胜""君子坦荡荡，小人长戚戚"等，说的都是做人要真诚、正直。

做人首先要诚实，说老实话，做老实事，做老实人，不能靠矫饰伪装过日子。靠矫饰伪装、戴假面具过日子的人，"白日欺人，难逃清夜之愧赧"；"对人则面目可憎，独居则形影自愧"。虚伪的人不仅令人憎恶，自己也活得很累。因为他们时时提防假面具被人戳穿，或者受良心的谴责，经常处于紧张戒备的状态，很难获得心理上的轻松、安宁与平衡。

诚实有巨大的人格感召力。一个人没有半点虚假隐瞒的东西，说话诚实，做事诚实，内心诚实，就会令人信服。因而，诚实可以消除隔阂，化解矛盾，促进人际关系的和谐团结。古人有"精诚所至，金石为开"的格言。精诚的力量可以贯穿金石，何况人心呢？至诚之心的确有巨大的精神力量。诸葛亮对孟获七擒七纵，终于使孟获心悦诚服，化解了汉族和少数民族长期积存的矛盾，便是一个有说服力的例证。

今天，我们仍然要实行诚实待人的原则。上级要以诚对待部属，父母要以诚对待子女，企业经营者要以诚对待顾客，每一个人都要以诚对待同事和朋友。以诚待人，才能得到友谊和真情，得到别人的信任和尊敬。人际交往如果离开诚实的原则，人与人之间互相欺骗，尔诈我虞，那么，人世

间便不会有真情友谊,不会有和谐亲密的人际关系了。

诚实也是做人的基本品德,是一切德性的基础。一个人连诚实都做不到,其他的品德也就谈不上了。所以要摘掉面具,做真实的自己。

一位学者指出:无论到了什么时候,我们能够送给世界的最好礼物就是真实的自己。越能够做自己,你对生命的体验就越深刻。要想拥有成功快乐的人生,我们就要记住,永远不要尝试去扮演自己以外的其他角色,必须让自己活回自己,而要想过真实的人生最好的方法便是大声说出你的想法。

可是,我们在成年以后总是在压抑——不要大喊大叫,不要太坦率太丰富了。我们所受的教育告诉我们只说可以被接受的话、听起来很聪明的话,只读那些老师认为有价值的书,不要信仰大学教授不承认的言论。因此,看起来做一个真实的人并不容易,有时候,它常常不能给人满意的回报。在人类关系中,率直和纯真总是含着冒险的成分。于是,我们忍不住并且是不知不觉地设计了一副面具,以避免坦诚相见可能带来的伤害。

戴上面具是为了遮掩我们所担心的、自身的不可爱。面具、虚伪等各种不真实是用来向别人表露我们希望别人看见的自己,并且藏起我们不敢揭示的自己。在公共场合你总得扮演一个角色,假装自己是什么、不是什么。上帝会禁止你在工作中永远拥有这份坚强。如果你表露它们,一定会让别人大吃一惊。你穿的衣服并不能代表你是谁,但是可以标明你的地位。你的衣服不能起皱,夹克上不能有狗毛,每根头发都必须自然。在人们的眼里,那些正向上爬的人,是永远能保持头发整齐的人。

很显然越是"成功"的人,自我的成分就越少,就越是做作。我们的衣服变成了"成功"的制服,我们的言论成了一连串聚会的一部分。我们的地位越高,揭示自我的困难就越大,说实话的困难就越多。

其实,对自己的诚实并不复杂,只要你敢于摆脱既定的社会模式,避免陷入文化的陷阱,把追寻真实作为唯一的目标,就能够真实地面对自己,就能达到真实的标准。我们的个性是真实的、可信赖的,所以值得信任。当我们相信自己的时候,就可以自由自在地发展我们的本性了。以

个人成长的眼光来看，真实是至高无上的。如果从来不认识真实的自己，我们怎么能超越原本的自己呢？我们要做的就是发掘出真实的自我，说出和表达出我们的真实感受，然后使我们的想法和行动统一起来——成为我们自己。

心灵悄悄话
XIN LING QIAO QIAO HUA >>>

　　真诚，是一簇芬芳的鲜花。把它送给朋友，能得到真诚的友谊；把它送给恋人，能得到温馨的爱情；把它送给客户，能得到滚滚财富；虚伪，则是一束没有生命的假花。把它送给朋友，友谊不会长久；把它送给恋人，爱情随时会破裂；把它送给客户，财源会渐渐枯竭。放弃虚伪，踏踏实实地做人，实实在在的办事，老老实实地说话，才是明智的为人处事之道。

充分发挥创造力，树立创新意识

创造力是人类智慧的重要组成部分。放弃僵化思想，充分发挥人的这一天赋能力，是进行创造性工作的必要条件。怎样才能较快培养自己的创造性思考能力呢？要想充分发挥创造力，树立创新意识，必须努力做到以下几点：

（1）冲破习惯或常规的束缚。

在日常生活中，那些曾经在实践中被证明是有效的方法和对策，可能成为一种习惯，或称常规，我们对许多事情的处理都是由这种习惯或常规来决定的。因而，在企业和机关里，许多日常工作都有一定的惯例程序，但这种按惯例行事的做法不一定都能取得最好的效果。这种单凭习惯或先例来决定思考和行动的方式，往往忽略了隐藏着的创造契机，它对创造力的发挥是不利的。我们应该凡事多问问："为什么要这么做？""如果没有这一部分，全局将会怎样？"只有寻根追底，才能找出改进的途径。

（2）把批判力和创造力统一起来。

一般人认为，批判力和创造力就像油和水不能相混一样，也是难以妥协的。实际上，在创造活动中，这二者正是重要的合作伙伴。

在日常的生活中，人们会遇到许多创造的机遇，但能否做出创造，这不仅与环境有关，更重要的是与人自身因素有关，与是否正确地处理这"批判力"和"创造力"的关系有关。批判力一般是否定性的，而创造力则是一种由希望和热情、勇气和自信心组成的向上的心理状态，是肯定性的。如果创造力在你的头脑里占据了主导地位，你的脑子一定会变得灵活起来。反之，如果老是用否定的眼光来看待事物，"横挑鼻子竖挑眼"，

那就必然会妨碍创造力的发挥。

二者看似水火不相容，其实是可以统一的。批判和判断只以眼前的事实作为依据，它们更多的是倾向于保守地维持现状，而不是倾向于前进。而创造力的目标则是未知的事物，开动想象的机器，并努力把不可能的事物转变为可能的。

（3）穿透表面现象。

由于经验的积累，人们对于某些事情往往自以为"见微知著"，这就会带来一种弊病——单凭表面来判断一切，不进行更深一步的思考。

例如，鲍波在单位里工作勤恳，每天大家都下班了，他还在处理一些没有办完的工作，就连周末假日也不例外，很多人都感到他的工作热情很高，这种人理所当然地常常受到赞扬。可是，如果从工作效率或具体的工作方法上来看，那他就不值得表扬，因为唯有他一人每天要来加班加点，如果不是自身就是工作中有什么毛病。

（4）积极思考才能解决问题。

西方有句古谚说：5%的人主动思考，5%的人自认在思考，5%的人被迫进行思考，而其余的人一生都讨厌思考。这话未必正确，却在一定程度上说明了人们有回避思考的倾向。

人有一种惰性，就是对各种变化有一种本能的抵制。人们老是说："这是不可能的"，"那是不现实的"。总爱把现实存在当作最合理的状态，把创造力未能充分发挥也看作是正常现象。一旦有人要对现状提出挑战，便会受到各种非难，甚至被看作"空想家""怪癖"等等。只有积极思考，才能充分发挥创造力，进而有效解决问题。

（5）主动培养创造意识。

创造力绝非像神话中所描绘的那样会在某天早上突然降临到你的身上。创造力是靠充沛的创造欲望和强烈的创造动机来驱动的，大量的观察和研究证明了这一点。创造动机不足的人，无论怎样激动，都不会有什么大的成果。创造力是个人内在的素质，必须靠自己去培养。而动机意识薄弱，正是创造力退化的主要原因。

松下电器公司的创始人松下幸之助和本田技术研究所的本田宗一郎,以及提出喷气发动机设想的怀特等人,他们就是不甘于满足现状,执意进行改革,正是由于这种执着的信念导致了他们的成功。

(6)超越消极情绪。

如同人的思考能力一样,情绪也是人的一种天性。这种天性常常会阻碍创造力。情绪性障碍会使你的头脑简单化,扰乱你的创造性思考,容易钻进牛角尖。此外,怕失败、怕被嘲笑、怕被批评被孤立的恐惧心情,都会使你的创造力受到压抑。

(7)保持好奇心。

在日常生活中,许多人总是认为一切都平淡无奇,没有什么值得特别注意的。这种人即使接受新的情报信息,也往往会忽略过去。而另一种的反应就大不一样,他们对于事物总抱有一种新鲜感,哪怕是细枝末节的小问题,也不放过,总想多知道一些东西。这就是好奇心强的表现,就像砂粒刺激了河蚌从而产生了珍珠一样,好奇心激发发明家的创造欲望。

古往今来的无数事实表明,只有那些具有孩童般好奇心的人,如饥似渴地追求新知的人,才可能做出发明创造。

心灵悄悄话

XIN LING QIAO QIAO HUA >>>

只有全面地看待事物,透过现象看本质,才能正确地了解情况,准确地收集信息,给发挥创造力创造条件。

不可忽视礼貌和教养

一次，一位知名的企业家代表公司与另一家公司洽谈合作业务，但他却在约定的时间过了以后才出现。一见面，他就一本正经地向对方说："我忙得不得了，我们长话短说，一会儿我还有事。"

事实上，这句话说得大错特错，因为这是公司与公司洽谈业务，不是个人往来，是一种商业上的正式公关活动，不管公司规模大小，也不管知名度高低，就其地位来说，都是平等的。

这位企业家的言行举止，无疑是在向对方暗示："我是大企业的老板、大忙人，自然地位也高于你，我能来已经是给你面子了。"

他这种狂妄自大的心态，毫无保留地表现在言语上，不但语气令人听了不舒服，用词也不当，像那些"不得了""只能""很少""一点"等"自大型"的形容词，全都是为了炫耀自己，贬低别人，根本就犯了人际往来的大忌。

因此，此话一出口，对方公司代表人心里自然不是滋味。结果是，人家送上门来的一笔几十万元的生意就此告吹了。

聪明的人懂得，礼貌和教养是一种财富。

有一天，美国第三任总统杰弗逊和他的孙子一起骑马外出。路上，有一个奴隶向他们脱帽鞠躬，总统也在马上提帽还礼，但他的孙子却不理睬这黑人。"孩子"，这位祖父说，"你怎么能够让一个奴隶都比你文明得多呢？"

维特曼是哈佛大学毕业的著名律师，当被选为州议员之后，他穿着乡

下人的服装，从农庄来到了波士顿，在一家旅馆的客厅里坐下休息。这时候，他听到一群绅士淑女在议论："哈，来了一个地道的乡巴佬，我们逗逗他。"于是，他们就围了过来，向他提出各种各样的怪问题，企图嘲弄他。维特曼站起来说："女士们、先生们，请允许我祝愿你们愉快和健康。在这前进的时代里，难道你们不可以变得更有教养、更聪明些吗？穿着高贵，言词如此，这是虚伪。你们仅从我的衣着看我就不免看错了人，以为我是乡巴佬。而我呢，因为同样的原因，还以为你们是绅士淑女。其实，我们都错了。"这时，在场的人都惭愧地低下了头。

法国一位事业有成的女性，对自己的朋友说到她成功的秘密，她说得很好："只有一个原因，我喜欢用这样一个词：'我祝愿'。我祝愿我周围的人们都幸福。"一位作家写道：

当你走过街道的时候，

仅仅是一句愉快的"早上好"，

就用早晨的光辉，

给你铺满了一天生活的道路。

所以放弃傲慢，在人际交往中采取更受人喜爱的态度吧！

一位哲人说：待人和气无失身份，反而获得更大的尊重。礼让人三分，更显出自己还有超过七分的内涵。

自然，人人都想赢得和谐的人际关系，人人都想成为一个到处受欢迎、受人喜爱的人。

在与人交往的过程中，你可以通过掌握一些简单、自然、平常和易学的沟通技巧，来使自己成为一个受人喜爱的人。

（1）平易近人，轻松自如。

要做一个平易近人的人，和别人打交道要轻松自如。也就是说，在别人和你打交道的时候，不要让人有一种紧张感。要知道，有的人很难接近。这往往是一个在交往中难以克服的障碍。一个平易近人的人很好相处，而且言谈举止都很自然。他会营造一种舒适、愉快、友好的氛围。和

他在一起,不会像戴着一顶破旧的毡帽、趿拉着一双破烂的鞋子、穿着一件宽大破旧的袍子一样,尴尬难堪。一个表情僵硬、冷漠、毫无反应的人,是难以融于一个集体之中的,而他往往是一个桀骜不驯的、不合群的怪物。你确实不知道该如何和他打交道,你也难以揣摩他的内心世界,不知道他会对你的言行做出怎样的反应。喜欢上一个这样怪僻的人,确实不是一件很容易的事情。因此,你一定要避免成为那样的人。

(2)善解人意,体贴别人。

一个体贴别人的人,总是设身处地为别人着想,不让别人紧张、拘束,更不会让别人尴尬难堪。

据说,莎士比亚就具有善解人意的神奇能力。在和人交往的过程中,他能根据交往对象的不同特点,随着时间、地点的变化,进行应变。因此,他的朋友很多。

(3)待人接物落落大方、不卑不亢。

一般来说,具备这种素质的人必定具备宽阔的胸襟。你应该尽量让别人与你相处时感到放松、舒适,有一种如坐春风里的感觉。既无陌生和拘束感,也不必挖空心思去没话找话说。记住,有时过分的热情反而会让对方手足无措、应接不暇。

(4)要忠诚、正直和具有爱心。

某大学的心理学系对那些受人喜爱的和不受人喜爱的人的性格做了分析。他们对一百个个性特征作了科学分析,他们指出:一个人要想赢得别人的喜爱,就必须具备引起人们好感的个性特征。也就是说,你要想为大众所接受,就必须具备许多的优秀品格。

要想让别人喜欢你,你必须具备一个基本的品格,这就是要忠诚、正直和具有爱心。或许,只要你具备了这一基本品格,其他的各种品质也就自然而然地具备了。

(5)能够仔细分辨别人的意图、动机、心情、感受和思想。

也就是说,一个社交能力强的人,必定是会盘算的人,他们会考虑到自己行为的后果,会盘算别人的可能行为,会计算自己的利益和损失。而

所有这些盘算,都是在相关因素可能变动的情况下做出的。因此,只有认知能力较强、善于察言观色的人,才能在复杂多变的情况下,做出这些盘算来。这种人际交往的基本智慧几乎每个人都具有,关键是怎样强化,怎样发挥。

心灵悄悄话
XIN LING QIAO QIAO HUA >>>

俗话说:"傲慢是失败的种子。"对人的尊重和说话的礼貌,是任何一个想成功的人都不能掉以轻心的。

放弃偏见，客观地看待生活

叔本华说："最强有力的阻碍人们发现真理的障碍，并非是事物表现出的、使人们误入迷途的虚幻假象，甚至也不直接地是人们推理能力的缺陷。相反，是在于人们先前接受的观念，在于偏见。"处在什么样的环境，就习惯用什么样的角度看事情。而每一件事情从不同的角度来看时，总会有不同的体验。所谓见仁见智，有些事情并不一定是对或错，而是因为眼光不同，看法也就不一样。让我们学习以宽广的态度接纳不同的人、事、物，以致能彼此尊重和体谅。

一位哈佛大学的心理学家指出：偏见是人际交往的不良心理。应当予以改正。在现实生活中有些人有极深的偏见，这遮蔽了他们的视线，禁锢了他们的心智，使他们偏离了成功之路。

最容易把人引入歧途的思维，其实就是偏见。所谓偏见，指的是人们对某事持有的观点和信念，而这种观点和信念其实并不符合客观事实或与逻辑推论相违背。偏见是一种很主观的信念，因此带有很强烈的个人色彩。偏见是根据自己所得到的一点点信息，凭主观的想象，甚至已有的经验和逻辑，编故事似的给对方编制了一个形象，甚至由此去推知他的过去和将来。每个人都会有一些偏见，只不过轻重不同而已。严重的偏见所带给我们的生活的消极影响是有目共睹的。从家庭纠纷到同事之间的矛盾，从种族虐待到性别歧视，从宗教纷争到国家之间的争战，都和偏见有很大的关系。

和一个人初次见面，对方穿着随便，谈吐粗俗，你很可能会认为对方是一个没文化、缺教养的人。也许这关系不大。但如果你进而认为他办

事肯定不认真,而且自私,甚至可能有点邪恶,以至于以后不愿和他进行任何合作,那么就过分了,就变成了一种偏见。有这种思维方式的人,很容易失去很多机会。因为每个人都有优点和缺点,我们和人交往、合作,关键要充分利用别人的优势,充分发挥对方的优势,从而给自己提供方便。

很多人会以第一印象轻易地判断一个人,通过第一印象中的一些信息来判断他的一切,这显然是一种以偏概全的错误。见到部下上班迟到一次,就认为他工作偷懒,也不问迟到的原因;见到一个小青年长发披肩,摇头晃脑,就认为作风不正;见到一个人点头哈腰地给领导打开车门,就认为此人肯定只会拍马屁,没什么本事。似乎在他眼里,每个人都能简单地而且迅速地进行分类,有什么样的言行,就肯定是什么样的人做的。

对人产生偏见,结果往往是对自己不利。因为对人有偏见,很容易被对方察觉,一旦别人感觉到你对他有偏见,很可能会产生抵触情绪。如果你们是同事,那么麻烦就来了,彼此合作肯定就不默契、不愉快。所以,一次偏见就等于少了一个合作伙伴,甚至少了一个可能的朋友。

要想消除偏见,我们就得设法改变自己的一些思维定式。首先要使自己坚信每个人都是有优点和缺点的,我们要宽容地对待每个人。我们和人交往,要尽可能地多看优点,少看缺点。能以这样一种态度去交际,我们就会感到这世界很美好。因此我们要消除容易产生偏见的不良影响。

我们在接触他人时,头脑里并非白纸一张。即使是初次见面,也都是根据以往积累的经验和知识去理解对方。经验和知识是我们在日常生活中认识他人的前提,同时也容易把我们带入偏见的企图,制约和影响着我们对他人的正确认识。

心理学家指出,在与人交往时,为了避免偏见,必须要充分认识到以下认知效应的不良影响:

(1)晕轮效应。

认知中,观察对象时,对象的某一特点、品质特别突出(有时是观察

者本身的片面)，就会掩盖我们对对象的其他品质和特点的正确了解。被突出的这一点起了类似晕轮(月亮周围有时出现的朦胧圆圈)的作用，导致观察失误。这种错觉现象，心理学上称晕轮效应。

托尔斯泰笔下的安娜·卡列尼娜，在她对卡列宁钟情时，觉得对方一切都那样美好，甚至连他耳朵上的那颗痣也显得那么协调，不可缺少；当她对卡列宁生厌时，觉得对方的一切都那么丑恶，而耳朵上那颗痣则特别刺眼、恶心。这种心理反应，就是我们所说的晕轮效应在作祟。

人际认知中，孤立地以貌取人，以才取人，以德取人，以某一言行取人，以某一长处或短处取人，都属晕轮效应，是不正确的知觉。

希腊神话中的维纳斯，被誉为"美的化身""纯洁的象征"，人们赞美她的外貌，也赞美她的心灵，世界上最漂亮的形容词都被她享用了，她成了真善美的结晶。可是，读过希腊神话的人都知道，维纳斯的丈夫是伏尔甘，可她又与战神马尔斯私通，并被双双抓住拖到众神面前现丑；她还同神使墨丘利勾搭成奸，生下丘比特；她甚至引诱少年牧人阿德里斯，还帮助别人干了好多风流韵事……如此一个人，为何人们世代大加赞颂呢？不就是因为她外貌的"晕轮"么？真是一美遮百丑啊！

所以，要正确认识他人，必须保持清醒的头脑，克服晕轮效应，以全面的观点去看入。

(2)首因效应。

在人们的日常交往中，人们对他人的印象常常取决于见面后的第一印象，即人们在认识过程中所形成的初次印象。第一印象虽是初次接触所产生的肤浅印象，但它常对一个人的观察了解产生巨大的影响。由于第一印象的影响干扰而在以后的观察了解中产生认知偏差的现象，即为首因效应。

哈佛大学一位教授做过一个有趣的实验：把被试者分为两组，同看一张照片。对甲组说，这是一个屡教不改的罪犯；对乙组说，这是位著名的科学家。

看完后,让被试者根据这个人的外貌来分析其性格特征。结果,甲组说,深陷的眼睛藏着险恶,高耸的额头表明他死不悔改的决心;乙组的人说:深沉的目光表明他思想深邃,高耸的额头表明了科学探索的意志。对同一个人,甲乙两组人分别作出了完全相反的评价。由此可见第一印象对人们以后认识的指导作用。

由于首因效应,在认识他人时,人们常常按照前面的信息来解释后面的信息,当前后信息不一致时,后面的信息通常屈从于前面的信息,从而形成整体一致的印象。

当人们把不同的信息结合起来时,总是倾向于重视前面的信息,而忽视后面的信息。

若第一印象形成的是肯定的心理定式,则人们在后继了解中多偏向于发掘对方具有美好意义的品质;若第一印象形成的是否定的心理定势,则会使人在后继了解中多偏向于揭露对象令人厌恶的部分。即使人们有意识地或被提醒注意后面的信息,人们也常常会认为后面的信息是"非本质的""偶然的"。

(3)定型效应。

生活中,人们都会不自觉地把人按年龄、性别、外貌、衣着、言谈、职业等外部特征归为各种类型,并认为这一类型的人有共同的特点。在交往的观察中,凡对象属某一类,便用这一类人的共同特点去理解他们。不过,如果概括偏颇或忽略个体差异、生搬硬套,就会出现认知错觉,这种错觉便是定型效应。

人际认知中的错觉,是十分微妙的,它像传说中的"尼斯湖怪物",出没无常,并干扰着你的正常判断,常能叫人在毫无警觉中失去一位知己,断送一次机会。

因此,在人际交往中,要努力克服以上几种效应的干扰和影响,全面、客观地去认识周围的人,以赢得和谐的人际关系,享受更轻松愉快的人生。

这种态度同样是在危急时刻做出良好反应的关键。如果我们面临危机时，能采取主动进取的态度，而不是消极防御的态度，危机本身就可以作为一种刺激物来释放你的潜在力量。

心灵悄悄话
XIN LING QIAO QIAO HUA >>>

偏见很容易成为人们思想上的一种牵制力，由于它的存在，使人除一种单纯的观点外，不能看到或注意到其他事物。心中装满着自己的看法与想法的人，永远听不见别人的心声。凡事要多从自己身上找原因，不要老怀疑别人有问题。放弃自我的偏见，生活会变得更加轻松而美好。

第五篇 >>>

学会放弃，老练处事

　　人生最大的悲哀莫过于生活中没有希望。无论何时何地，希望的灯都不能熄灭，一旦熄灭，生命就会枯萎。所以不论前途如何，不管会发生什么事情，我们都不要绝望，要永远怀着充满希望的心。明智的人决不坐下来为失败而哀号，或者轻言放弃，他们一定会寻找解决的办法来克服一切压力、困难或失败。

　　在人生的道路上，有的时候是需要分离、需要放弃的，有的时候执着是一种负担、一种伤害，放弃却是一种美丽！学会选择，学会放弃！

别让压力超过你的承受能力

随着现代社会不断地发展，人们的生活节奏也越来越快。随之而来的，人们的压力也越来越大。事业上的成功，家庭的幸福美满，人际关系的和谐，是每个人都期望的生活目标。追求高质量的生活无可厚非，还应积极提倡。

问题出在哪里呢？你的能力和心理素质。除了极个别智力超常的人外，大家的智商其实都差不多，而能力却相差很大。在同一个目标下，能力强的人往往比能力弱的人压力要小，因为能力强的人觉得获胜的机会比较大，目标离他越近，压力就会越小。

有了压力不一定就是坏事，压力来源于人的需求，而这种需求就是人们追求奋斗的原动力。感受到压力，体会到自己的需求，能产生为之拼搏的欲望。人在遇到绝路的时候，巨大的压力往往爆发巨大的潜能，"置之死地而后生"就是这个道理。

但是如果自己给自己的压力太大，或由于客观原因压力过大，则会超过人的承受能力，使我们感到心力衰竭，不堪重负，甚至产生一些心理疾病，更别提奋斗了。就像弹簧一样，在没有超过其承受范围时，你用力压紧它，松开手，它会用力反弹；但一旦超过其范围，弹簧发生变形，再用劲它也反弹不回来。

有的压力是客观原因造成的，比如当上司交给你一件超负荷的任务时，像这样你必须完成却超出能力范围的事务，也能让你感到压力；责任也会产生压力，当你担负起某一责任时，责任本身就要求你完成你应该完成的事情，不管你愿不愿意，它就摆在你的面前。

不管是主观原因,还是客观原因,压力总是存在的,即使有的压力并不是自己带来的,但却要让我们承受。问题出现了,我们只能面对,别无选择,这本身就是压力。

怎样正确面对压力呢? 如下建议可供参考:

(1)学会卸包袱。

生活中繁杂的事务会将影响我们宝贵的时间和精力,使我们没有充足的时间和精力干最重要的事情。这时,你会感觉到很大的压力。有效的办法是,先分析一下什么对你是最重要的,哪些事情是次要的,重要的事情先做,次要的事情少做或不做。这样,就可以为自己赢得宝贵的时间,减少忙不过来的压力。

(2)善待自己。放低标准。

不要对自己太苛刻了,至善至美只是一个遥远的梦。摆脱完美主义的束缚吧! 不要妄想把所有的事情都干得完美无缺。适当放低一下标准,放松一下自己的心情,或许在客观上也减轻了别人的压力。

(3)远离虚荣。

在生活中,许多压力是完全由于自己的虚荣心导致的。为了穿名牌时装、用高档化妆品,住漂亮豪华的房子不得不拼命地赚钱,无端地增加了自己的压力。金钱、名誉、地位这些如同过眼云烟,却常常被人视为最重要的东西,为之所累。为了减轻不必要的压力,一定要学会真正地享受生活,摆脱虚荣。

(4)给自己留一点儿思考的时间。

压力的产生也可能是因为对事情本身的理解造成的。过分夸大了事情的重要性和后果,导致心理负担加重。不少人往往因为急于求成,而忘记了对事情本身的思考。留一点儿时间思考,能让你更清楚地看到事情的本来面目,同时也给了自己一个解剖情绪、分解压力的机会。

(5)不要忘了休息。

过重的劳动会导致人生理疲劳,效率低下,从而导致过分的焦急与紧张。适当的休息,不但会缓解大脑疲劳,而且可以放松一下紧张的心情,

减轻心中的压力。特别是忙碌的上班族，周末应好好休息一下。有了充沛的精力，有助于你以更好的姿态去面对生活中的各种压力。

但是生活中还有一种人，对"忙不完"的看法有误。你忙，说明你很重要；你日理万机，说明人们需要你。但是，将自己置于紧张忙碌之中，以没完没了的工作和家务来填满日子，这样的生存方式会带来很多不良后果。而这，很可能是得不偿失的。

对瑞恩来说，这是一个非常普通的上午。丈夫上班去了，瑞恩脑子里便开始琢磨两个孩子中午的午饭。这时候，电脑的邮件提示开始"哔哔"作响；而两个女儿却像两块膏药似的粘着她不放，一个要求讲故事，另一个则在告状，说家里的猫咪又上床了。好不容易把家里的猫、狗、小孩都安抚好，瑞恩还要抽工夫完成自己的兼职工作。午饭后安排好孩子们睡午觉，瑞恩又匆匆忙忙地跑到社区帮着筹办小区给孩子们组织的假期活动。

瑞恩实在是太忙了！为了把每件事按时做完，连和朋友们通电话的时间都只能限制在3分钟以内，还得一路小跑。邻居都夸瑞恩贤惠能干，但瑞恩心里其实并不是那么"任劳任怨"——"我简直都要忙疯了，恨不得把每件事儿都揽过来自己干。我知道这样不好，自己也厌倦，可就是不知道怎样才能让自己停下来。"

许多现代人总是把忙碌当作一种成就，如果做不到，就会产生挫败感。很多人都以为自己做得越多，就越成功、越有价值，可惜这只是一种认识上的偏见。

压力之所以会让人上瘾，是源于其自身的"诱惑力"。具体来说，压力之下，你尽可以对着别人发牢骚，而且这种感觉相当好。当我们向某个忙碌中的人询问进展如何的时候，通常都会得到这样的回答："别问了吧。"这句话背后透露的意思就是："我很辛苦，非常辛苦！"如果我们对他表示赞赏或同情的时候，不管承不承认，他们都能从你的表态中得到宽慰

和满足。这种时候，他们最想听到和看到的就是："哎，真可怜!"或者一边摇头，一边自叹不如。

心理学家指出，采取果断的措施，克服压力上瘾是非常必要的。

怎样判断自己压力过大或已经对压力产生依赖呢? 真正的压力往往是有时限的，如家人住院、适应新上司或孩子学习成绩不好等等。一旦情况有所好转，压力也就随之消失。而压力上瘾则是一种生活方式——这类人之所以觉得自己永远都被埋在没完没了的事务中，恰恰是因为自己拒绝给自己下达停止的指令。

很多人都认为压力是一种外部的东西，然而实际上压力源自内心。解除压力的首要方法就是改变自己的想法。其次，要放弃用工作量衡量自我价值的评价标准。当然，这种生活态度的改变需要足够的自信作为基础。要学会善待自己，不要永远都把自己摆在需求单的最下面。每周至少一次关注自己的需要和心愿，渐渐地，你就会有找到对不必要的要求说"不"的勇气和自信。

心灵悄悄话

学会如何减轻或舒缓压力，也变得越来越重要。心理学上的一段名言："困扰我们的，不是事件本身，而是我们对于事件的看法。"对于事件的看法是因，决定了的心情是果。换句话说，当压力产生了，若能修正自己对于事件的不合理看法，就能修正自己的负向心情。正所谓："念头转个弯，心情就变好。"努力缓解压力，享受更轻松的生活。

琐事使你的精神焦躁不安

曾获得过诺贝尔医学奖的亚力西斯·柯瑞尔博士说："不知道如何消除忧虑的商人命不长。"其实，何止是商人，对于任何人来说都是如此。一旦我们开始为某件事情感到不安、忧虑，或者是焦躁，那么我们就必须反省，到底是什么影响了自己？患得患失、过分忧虑目前的利益，将会成为我们健康生活和愉快生活的最大障碍。

在西方流行着这样两句谚语："你有权利让自己离开那些使你的精神焦躁不安的东西。""一个能够在一切事情不顺利时含着笑的人，比一个遇到艰难就垂头丧气的人，更具有胜利的条件。"

不管是否顺利，有些人总爱以颓丧的心情、忧郁的情绪，来破坏、阻碍他们生命的历程。其实，一切事情，全靠我们的勇气和信心，我们乐观的生活态度。如果一遇到不顺利的事情，就放任让颓丧、怀疑、恐惧、失望等情绪控制自己，我们经营多年的事业就会受到破坏。

一个人病得很重，症状是他一直觉得他的眼睛要跑出来，而他的耳朵一直在响。渐渐地，他变得疯狂，因为它一天24小时都在持续着，他无法睡觉，也无法工作。

所以，他跑去问医生，有一个医生建议他说："将盲肠割掉。"于是，他就将盲肠割掉了，但是病情丝毫未见改善。另外一个医生建议说："将所有的牙齿都拔掉。"于是，他就将所有的牙齿都拔掉，病情依然未见改善。只是那个人变得更老了而已。又有人建议说，应该把扁桃体割掉。随后

他的扁桃体也被割掉了,但是病情依然如故。然后,他去请教一个最有名的医生。

那个医生诊断之后说:"没有什么办法,因为找不到原因,最多你只能够再活 6 个月,我必须对你坦白,因为一切所能够做的事情都已经做了,现在已经无计可施了。"

他走出那个医生的办公室,心想:"如果我只能够再活 6 个月,那么为什么不活得好一点?"他是一个守财奴。他从来没有真正的生活过。现在他想开了,就去订了一部最新最大的车子,又买了一所漂亮的房子,定做了 30 套西装,他甚至还定做了衬衫。

他去到裁缝那里,裁缝量了他的身材,然后说:"领子 16。"

那个人说:"不,15,因为我一直都用 15。"

裁缝再度量了一下,然后说:"16。"

那个人说:"但是我一直都用 15。"

裁缝说:"好吧! 那么就按照你的方式,但是我要告诉你,你的眼睛将会突出来,而你将会感到耳鸣!"

——实际上,那就是他生病的原因!

人类生病的原因很简单,因为他沉溺于一些小的事情。在很多时候,令你焦虑和悲观的事情只是一些琐事,只要你采取正确的方法,就很容易改变它们。

一天下午,我正坐在办公室里为这些事烦恼着,忽然,我决定把它们全部写下来。我倒不怕给我一个奋斗的机会去解决这些问题,只是这些困难好像已超出我的控制范围。看着这些问题我觉得束手无策。于是只有把这张打了字的烦恼事项收起来。就这样,几个月过去了,我几乎忘了写下的是什么。一年半以后,有一天整理东西时,又看到这张列下了摧残我健康的 6 大烦恼。我一面看一面觉得很有趣,同时也学到了一些东西,因为我现在知道,其中没有一项真正发生过。

这六大烦恼的发展情形如下：

1. 我发现担心学校无法办下去是没有意义的，因为政府开始拨款训练军人，我的学校不久就招满了学生。

2. 我发现担心从军的儿子也没有意义，他毫发无损地回来了。

3. 我发现担心土地被征收去建设机场也是无意义的，因为附近发现了油田，因此不可能再被征收。

4. 我发现担心没水喂牲口是无意义的，既然我的土地不会被征收，我就可以花钱挖口新水井。

5. 我担心车子在半路抛锚是无意义的，因为我小心保养维护，倒也维持下来了。

6. 我发现担心长女的教育经费是无意义的，因为就在大学开学前六天，有人奇迹一般地提供我一份从事稽查的工作，可以用课后的时间兼差，这份工作帮助我筹足了学费。

我以前也听别人说过，99%的烦恼都不会发生，我一直不大相信，直到我再看到自己这张烦恼单，我才完全信服。

虽然我白白为这些烦恼而担忧，但我还是觉得很值，因为我到了一个永生难忘的经验，让我体会到一个深刻的道理，为了根本不会发生的事而饱受煎熬，这是一件多么悲惨的事啊！

请记住，今天正是你昨天所担心的明天。问问你自己：我怎么会知道我所担心的事真的会发生？

学会肃清自己心中的悲观心理是一门很重要的学问。我们应学会时时把自己的注意力放在美好的事情上，而非丑陋的事情上；放在真实的事物上，而非虚伪的事物上。这样，我们在困境中也能看到生活中的美、生活中的好，我们也就因此而乐观起来。

对一个精神良好的人来说，把心中的忧郁在几分钟内驱逐出去，是完全可能的。但我们中的许多人在忧伤时却往往不肯敞开心门，让愉快、乐观的阳光射进来，而妄图紧闭心扉，靠自己内在的力量驱逐黑暗。其实，

只要有一丝乐观，我们心中的忧郁就会减轻很多。

当你感到忧郁、失望时，你应该试着改变环境。无论遭遇怎样，不要反复想你的不幸和目前使你痛苦的事情。想想那些愉快的事、有趣的话，以最大的努力去放射快乐，让自己乐观起来。克服不必要的焦虑，告别紧张的心情。

当你将要进入到某一社交场合、某一个新的环境，面临升学、考核、升级、分配住房、评选先进等情况时，由于怀着某种期待而又担心不能实现，往往就会焦急不安，顾虑重重，情绪紧张，这是有一定对象和具体原因的焦虑。在另一些情况下，并没有什么重大事情，却产生莫名其妙的紧张，总是心神不宁，茫然若失，这也是一种焦虑情绪的反应。由于焦虑往往伴随着得不到满足的痛苦和不愉快，所以，它比压力下的紧张更折磨人，是一种不良的情绪。

焦虑是怎样产生的呢？有的是由于强烈的自卑感，缺乏自信心造成的；有的是希望有所成就，但不知自己的目标在哪儿，怎样达到目标，空有成就事业的愿望，却不能找到一条切实可行的路，由此而产生焦虑。此外，不如意的同事关系、上下级关系，过高的成就欲而久久不能达到目标的受阻感，对切身利益过于重视而期待殷切，却又担心实现的可能性等，这都会使人产生焦虑情绪。

自从看了医生后，在心理暗示作用之下，我的状态越来越差，惊恐发作的次数也越来越多。一听到人家说我脸色这么差，回到家就会发病；有时，自己想着想着，"焦虑"两字就真的发作了；有时，在睡到凌晨1点时发作。后来又找到另一位专家为我检查，他告诉我，这主要是由于情绪极度紧张造成的，其实我的身体很健康。然后，又告知此病的发病原因，以及生活调整事项，还鼓励我一定要加强锻炼。出了医院，我的心情顿时放松了许多。

我制定了跑步计划，每晚由家人陪我在小区花园跑步。坚持几周后，自我感觉不错。偶尔不适时，家人就在旁边安慰和鼓励我。但是专家开

的药，我吃了胃仍是不舒服，后来试着改服中药，慢慢地我学会了耐心的服用和调理了。爸妈还常常给我做心理开导，劝我做事不能要求太高，遇到急事时不要硬顶，学着缓一缓等。

现在，焦虑离我越来越远，我已摸索出抗焦虑的方法：一是运动，运动能及时宣泄情绪，也让睡眠变好。二是靠家人无微不至的关心和安慰。三是自我心理暗示和调节。我每天都在不断地对自己说："我很好，我很好。"

焦虑不仅是一时的状态，它在持续一段时间后便有可能内化为性格特征。如果一个人久陷焦虑情绪而不能自拔，内心便常常被不安、惧怕、烦恼等体验所累，行为上就会出现退避、消沉、冷漠等情况。而且由于愿望的受阻，常常会懊悔，自我谴责，久而久之会导致精神变态。尽管每个人产生焦虑情绪的原因不同，但最根本原因有两个：

一是自我期待较高，自尊心强，但自信心差。所以，他们往往处于一种矛盾的心理状态，既希望自己获得成功，又害怕可能遇到的阻碍与失败。对成就的渴望和对失败的担忧，对未来的幻想和对眼前障碍的害怕交织在一起，产生了又想迈步又顾虑重重的焦虑情绪。

二是过于注意自己，心胸较狭窄，对个人的名利得失较关心。当然，个性因素，如内向、敏感、胆怯、犹豫不决等，也是焦虑产生的温床，而失眠、厌食、神经衰弱等慢性病，也可能加剧焦虑情绪，生理疾病与心理病态互相作用，便可能产生恶性循环。

为了克服焦虑情绪，我们可以参考下列建议：

（1）锻炼自己的性格。

根据心理学的研究成果，一个人的性格决定他的气质和情绪发展。性格外向，情绪容易激动；性格内向，情绪相对较为稳定。因此，我们要努力培养自己良好的性格特点，保持情绪的稳定。

（2）要树立自信心。

自信心的树立，靠自己扎实的基础知识和基本技能，靠对工作任务、

性质、环境和可能遇到困难的如实了解。情况明,信心增,这是很有道理的。对情况心中有数,相信自己能够应付,才会消除顾虑。

(3)要有应对困难压力的心理准备和战胜它们的勇气。

人生没有平坦的大道,也不可能不遇到困难。当焦虑袭来之日,往往就是被困难挫折压迫之时。只有具备了勇往直前的勇气,敢于承担责任,敢于正视现实,我们才能抵制住焦虑情绪的进攻。

(4)安排适当的工作量。

一般来说,没有经验的新手,进入某项工作时,常用过高的标准要求自己,不但造成精神压力,而且因为难以达到,而给自己带来过多的紧张。工作的低效率和心情的高度紧张相互作用,相互扩展,还会形成恶性循环。如果能意识到自己所从事的工作仅仅是开始,掌握的知识和技能也是初步的,紧张的程度缓解了,效率反而会提高。要相信自己的力量,要对情境和任务做出冷静的分析,并订出必要的行动计划。事情再难、再急,也必须一步步地去做。

(5)做好临上场前的准备。

如果你意识到自己容易紧张,在临上场前,你最好有意识地进行多次预演。比如你将要登台演讲,不妨把墙壁和空椅子当作听众,试着多讲几次,以便使语言流畅,临场时情绪稳定。临上场前有了足够的准备,可以帮你树立信心。

心灵悄悄话
XIN LING QIAO QIAO HUA >>>

减小自己的心理负荷,抛开一切得失成败,以一颗平常心去面对即将发生的一切,我们才会获得一份超然和自在,才能享受幸福、健康的人生。

放弃烦恼，享受快乐的人生

人生在世，有很多烦恼：下岗失业、生病住院、亲人离去、资金被套、公司倒闭、工作不顺心、上司不理解、下属不合作……大人物有大人物的烦恼，老百姓有老百姓的忧愁，要不怎么说"人生不如意十之八九"呢。

学会得体地应对烦恼是很重要的事情。俗话说，"哭是一天，笑也是一天"，看你怎么调整了。每个人脑袋容量是有限的。烦恼纠缠在一起，带来战战兢兢的情绪和惶惶不可终日的焦虑，消极情绪积累到一定程度，就会危害健康。

人非圣贤，都是感性的动物，不管是谁都不可能随时保持理性的，总有遇到烦恼事情的时候。一些烦恼我们可以去解决它，而有些事情可能就是没有办法的。当我们遇到这样事情的时候该怎么做呢？看见过绝大多数人都是郁闷叹气，闷闷不乐，这样其实根本就不能解决问题。我们需要的是把我们的烦恼给发泄出去。

一位哲人说，人要把开心的事刻在石头上，不开心的事情写在沙子上，那么开心可以永远流传，而不开心则会随风而散。不管我们用哪种方法，都只求达到一个目的，就是要把烦恼抛到脑后去，去掉自己郁闷的心情，让自己活得开开心心，这样的生活才能更加丰富多彩。

一位心理学家在一艘船上做了一个改造心理的试验。

一次，他在一艘船上进行他的试验。他看到在船上待久了的人都很郁郁寡欢。于是，他建议让一些总感觉心浮气躁的人到船尾去，面对船后波涛滚滚的海水，默想着把心中一切的烦恼都抛到海水中，直到自己觉得

心里舒畅了为止。

这个试验很简单,但很有效。那些心浮气躁的试验人员,最后都告诉这个心理学家,从吐出自己的烦恼事情的一瞬间,好像真的就有一件废气的物体丢进海水中一样,自己的心情真的得到了一次前所未有的清洗,心中的烦恼似乎就在那一瞬间消失了,顿时心里晴朗了,不再觉得那些烦恼有什么了不起了。他们打算以后只要碰到心中有烦恼,就采取这种方式来解决,直到自己全身都感觉到轻松为止。

当然,烦恼并不是可见的物体,并不能真正地丢进海里面去。只是聪明的心理学家找了一个合适的方式,一种可以发泄的方法,让这些心浮气躁的人发泄出自己的郁闷,发泄完了,就好像把烦恼丢弃了,心情也就轻松了,烦恼随之消失。

每个人都想要丰富多彩的人生,可是必须承认的是,假如你的生活过得很充实,做的事情很多,那么,在这个过程中,你肯定会有各种大大小小的磕磕绊绊的事,难免会有不顺心的时候。我们需要做的就是,不管这些情绪怎么产生的,不管它的起点在哪里,我们都必须给它一个合适的终点。

要善于把烦恼抛在脑后,随着时间的流逝,你经历的所有事情,不管曾经是平凡还是伟大,也不管是兴奋还是痛苦,反正都是来来去去的,始终都有一个起点,一个终点,这样的世界才能拥有一个平衡点。如果只有起点而没有终点,那么世界上的人都会因为压力而崩溃。

烦恼是伤害我们心灵的毒药,有了烦恼你心情就会不好。而心理学研究表明,当人心情不好的时候,体质明显下降,个人的反应能力降低,做事情的效率和效果都下降很多。要经常洗涤一下我们的心灵,免得被烦恼这等小事伤害。

一位女作家每逢心情不好的时候,都会把自己的烦恼写在纸上,然后再烧掉,这样心情就会好多了。

把烦恼写在纸上只是一种方法,还有很多可以排遣烦恼的方法,我们

可以对着亲人倾诉,让大家明白你的痛苦,大家一起解决事情;也可以找个没人的地方,去大声呐喊,把心中的苦闷全部吐干净。

心里一定要保持明朗,给自己的心灵减少压力,清除烦恼的渣滓,想着自己幸福的明天,把烦恼抛于脑后。长期坚持这么做,让它变成一种习惯,之后你就会发现生活中真的很多事情只不过是庸人自扰而已。这样你的心理就会越来越健康,越来越开朗。所以我们要积极地调整自己的心态去应对烦恼。

两次奥斯卡最佳女演员奖获得者、健美录像带业总裁、美国销量最大的非小说书籍作者简·方达总结了几点调整心态的秘诀:

(1)对一些事情不妨三心二意。

芭芭拉·埃伦雷奇说:"并非所有事都值得全心全意去做,实际上,对一些事情不妨三心二意,随随便便。"

明白了这句话,我们的心中便会顿然轻松。现在只要钱够花,你便不必拼命去挣;厨房的烤箱,随便擦一擦也就可以了;卧室地板不用天天拖,厕所也不用天天打扫。一想到自己不用再当一个完美主义者,你的浑身就会有说不出的轻松和快乐。对小事情,不用那么在意。

(2)好好去做苹果馅饼。

马莉莲·梅森说:"苹果树上只能长出大苹果。"

自己想想,你可能会发现,自己过去总是想让别人按自己的意志去行事。苹果树上只能长出苹果,长不出大串香蕉来。整天板着脸的人,不可能对你笑嘻嘻;喜欢横挑鼻子竖挑眼的老板,不可能心胸开阔。所以,你要学会提醒自己,既然面对一堆苹果,就好好去做苹果馅饼,别老想着做南瓜汤。

(3)假装局外人。

希罗·塔纳卡说:"最要紧的是明白自己仍有选择。"

玛丽做了30年的面包房老板之后,却把面包房卖了,现在天天抱怨自己没事干;赖莎对自己的婚姻极不满意,可又说离不开丈夫,因为她自己没钱。其实,许多人都有这样那样的烦恼,但局外人却可以想出好多办

法帮助他们走出心理误区。

你不妨跳出自我的圈子,假装自己是一个局外人,为自己的烦恼罗列出多种选择,然后挑一种最佳的办法,帮助自己解除烦恼。

(4)有时得不到是更好的结局。

艾尔文·克里斯托尔说:"挫折是令人不愉快的,但生活中最大的不幸始于得到了自己想得到的东西。"

每当你不能获得提拔,或者他人令你不能遂愿,或者自己买不起喜欢的车时,都不妨想想这句话。你可以提醒自己,也许升职并非好事。就像著名作家当了杂志总编辑后一事无成。对这个作家来说,他得把所有的时间用于应付人事关系,研究预算,以及其他管理事务,而这一切,并非这个作家的长项。

当你为得不到某些东西而烦恼的时候,不妨用"塞翁失马"来安慰自己。

(5)向异性朋友倾吐。

美国心理学家林兰博士曾对一千名志愿接受研究者调查,结果发现,所有的人都可以从异性朋友(不一定是恋爱对象)的互诉衷肠中,获得解除内心抑郁的功效。这一发现引起了有关专家的浓厚兴趣。

在现实生活中,每个人都会有情绪低落的时候。人们常因年龄、职业、恋爱、婚姻、家庭等许多因素影响,产生各种各样的矛盾,引起心理上的紧张、焦虑以及忧郁等,心理学称之为"间歇性精神抑郁症"。医学研究表明,精神抑郁等不良的心理状态能使机体的免疫功能降低,可导致某些疾病的发生。所以,林兰博士介绍了这样一个良方:当心情不愉快时,去寻找一位异性朋友,向他倾吐心事。

当你感到烦恼时,不妨找一位异性朋友,进行一次坦诚的交谈。这样做,会比通过娱乐、饮酒、安眠药来消除忧郁好得多。

(6)努力去微笑。

生活并没有拖欠我们任何东西,所以没有必要总苦着脸。应对生活充满感激,至少,它给了我们生命,给了我们生存的空间。

微笑是对生活的一种态度，跟贫富、地位、处境没有必然的联系。一个富翁可能整天忧心忡忡，而一个穷人可能心情舒畅；一个身强力壮的人可能忧郁压抑，一位残疾人可能坦然乐观；一位处境顺利的人可能会愁眉不展，一位身处逆境的人可能会面带微笑……

一个人的情绪受环境的影响，这是很正常的，但你苦着脸，一副苦大仇深的样子，对处境并不会有任何的改变。相反，如果微笑着去生活，那会增加亲和力，别人更乐于跟你交往，你的烦恼自然就会减少，得到的机会也会更多。

只有心里有阳光的人，才能感受到现实的阳光。如果连自己都常苦着脸，那生活怎么可能美好呢？生活始终是一面镜子，照到的是我们的影像：当我们哭泣时，生活在哭泣；当我们微笑时，生活也在微笑。

心灵悄悄话
XIN LING QIAO QIAO HUA >>>

一些有害的不良想法和不好的情绪随时都可能"破坏"我们的快乐生活。然而，所有事情都取决于我们的勇气，取决于我们对自己的信心，取决于我们是否有一个乐观和满怀憧憬的信念。如果你不给自己烦恼，别人也永远不可能给你烦恼。普希金写过这样的著名诗句："假如生活欺骗了你，不要心焦，也不要烦恼，阴郁的日子里要心平气和，相信吧，那快乐的日子就会来到。"快乐其实很简单，只要放弃烦恼就行了。

正确地区分成熟与世故

在生活中,有些人总觉得为人处世难,渴望自己早一些成熟起来,可往往又无法分清成熟与世故的界限,陷于世故的泥坑。那么,到底怎样区别成熟与世故呢?

成熟者能看到社会或人生的阴暗面,却不被阴暗面所吓倒,表面上沉静而内心却有一腔热血。面对黑暗面,有不平而不悲观,既坚信希望在于将来,又执着于今天的努力。世故者也看到社会的阴暗面,但他们分不清主流和支流,本质和现象。他们因为曾在事业、理想、生活、爱情等方面遭受打击或挫折便冷眼观世,觉得人生残酷,社会黑暗。他们自以为看透了社会和人生,以"众人皆醉我独醒"自居。在生活中,成熟与世故的具体区别表现为:

(1)真诚与虚伪。

成熟者知道社会是复杂的,因此人的头脑也应当复杂些好。遇事要自己思索、自己做主,不轻信,不盲从;与人交往,考虑复杂些而不失其赤子之心,"和朋友谈心,不必留心";如果遇见不熟悉的人"切不可一下子就推心置腹",因为这样既不尊重自己,也不尊重别人,可以多听少谈,真正了解后才可以敞开交流思想。这是鲁迅先生待人的经验之谈。世故者由于过多地看到人生和社会的阴暗面,因而错误地认为人世间没有真诚可言。与人作"披纱型"的交往。犹如信奉伊斯兰教的妇女披上自己的面纱一样,把自己的内心世界封闭起来。对人外热内冷,处事设防,奉行"见人只说三分话,未可全抛一片心"的处世原则。同友相交,虚与周旋,别人的事自己探听尤详,自己的事隔墙难闻,说给别人听的,尽是些"不

着边际"的话。

（2）互助和利用。

成熟者在处理人与人关系上,坚持互惠互利、互帮互进的态度,有福共享,有难共当,患难时见真情。世故者对周围人采取于己有用者就交往,于己无用者就疏远的态度。交往的热情,则与于己有用的程度成正比。即使是对同一个人也不例外,就像果戈理小说《死魂灵》中的主人公乞乞可夫一样,在刚当小职员时,百般讨好巴结上司的麻脸女儿。博得上司的好感,当上了科长,站稳了脚跟之后,便马上翻脸不认人,那个痴情的姑娘便成了他愚弄的对象。

（3）坚持原则与看风使舵。

成熟者遇事头脑冷静,坚持原则,有主见,自己该干什么就干什么。世故者观风向,看气候,见什么人说什么话,投人所好,八面玲珑,采取"随风倒"的处世方法。就如有人所刻画的那样:当世故者同多愁善感的人交际,便把自己打扮成多愁善感的人,说话时,眼睛里有时还会泪光闪闪;转身同性格多疑的人交际,他又会俨然装得深沉起来,与对方一起分析别人如何损人利己,自己应采取的态度和对付手段;而同率直爽情的人谈话时,他又会马上变得疾恶如仇,真想马上为朋友打抱不平,两肋插刀不顾;然而同喜欢息事宁人、凡事调和的人在一起时,又显出老谋深算,久经风霜的样子,把那些正直的举动,说成"简单"和"幼稚",仿佛一切发生的麻烦都是因他不在场而造成的。逢人迎合不吃亏,他中有我成"朋友"是变色龙们的秘方。

（4）直面现实和玩世不恭。

成熟者对事敢于发表自己的意见,敢做敢当,有"舍我其谁"的大丈夫气概,往往小事糊涂,大事清楚。世故者游戏人生,采取滑头主义和混世主义态度,专搞中庸,惯于骑墙。他们和人可以谈天说地,但只是摆现象,不下结论,迫不得已时也有些不言而喻"大家早已公认"的结论。遇有原则问题需要辨明时,则莫问是非曲直,要不然就是模棱两可,怎说怎有理的话,与人意见不一时,便以"今天天气……哈哈哈"的态度加以回

避。对于社会上存在的种种乖巧行为,虽知其隐秘,却不露声色,做冷眼旁观者,既可明哲保身,又可留条退路。

(5)奋进与沉沦。

成熟者和世故者也许都经历过生活的艰辛、人生的磨难。但前者把挫折当成奋飞的起点,重新认识社会与自我,奋进不已;后者则或者躬行"先前所憎恶、所反对的一切",拒斥"先前所崇仰、所主张的一切",或者干脆对一切都无所谓,企求超脱社会,也许还会同恶势力同流合污。

成熟是人生成功的重要标志,世故者只能把人生引入歧路。世故在人际交往中留下的印象是不可信、不可靠和不可近。这样的人,自然很难在人生舞台上有出色的表演。

因此,在为人处世中,要追求成熟,放弃世故,尽量多考虑别人的感受,态度不要过于随便。

在交往中,性情豪爽是一件好事,但是态度过于随便的人却难以获得别人的尊敬,而且这种性情的人还会给自己的生活增加一些麻烦。比如,他们由于说话不注意分寸常常会惹长辈生气;不顾场合地开玩笑,无意间会伤害朋友。

记住:一个重要的处世原则就是,不论在任何时刻、任何境地,都要保持一种"稳重"的生活方式和处世态度。

那么,到底怎样才是具有稳重的态度呢?所谓具有稳重的态度,就是在待人接物中要保持一定的"威严"。当然,这种带有一定威严的态度与那种骄傲自大的态度是完全不同的。这种反差就如同鲁莽并不是勇敢的表现,乱开玩笑并不是机智一样。我们这样说,并无意去贬低那些具有骄傲自大态度的人,但是傲慢、自负的人确实很容易惹人生气,甚至让人嘲笑或轻蔑。

你应该同那些故意将物品价格抬高的商人打过交道吧,对待这样的商人,我想你也会绝不心软地把价格杀低,这与我们在对待喊价合理的商人的态度截然不同,对待后一类商人,我们是绝对不会刁难他们的。同购物的情形类似,我们对待那种傲慢自负的人,要么会将他自我标榜的"价

码"拉下来,要么轻蔑地看他一眼,然后离他而去。

一个具有稳重态度的人,是绝对不会随便向别人溜须拍马的;他也不会八面玲珑,四处去讨好他人;更不会去任意滋事造谣,在背后批评别人。具有这种态度的人,不仅会将自己的意见谨慎清楚地表达出来,而且还能平心静气地倾听和接受别人的意见。如此待人处世的态度,就可以说是一种具有稳重的威严感的态度。

这种稳重的威严感也可以从外在表现出来,即在表情或动作上表现出慎重行事的模样。当然,如果你能在此基础上再加上生动的机智或高尚的气质这种内在的东西,就更能增进你的威严感。相反,如果一个人凡事都采取一种嘻嘻哈哈,对任何事都无所谓的态度,在体态上总是摇摇晃晃,显得极不稳重,就会让人觉得你十分轻浮。

如果一个人的外表看上去非常威严,但在实际行动上却草率之至,做事极不负责任,这样的人仍然称不上是一个具有稳重威严感的人。

最后还要强调的是,要与不同的人打交道,注意讲究不同的方式方法。俗话说,一把钥匙开一把锁。跟不同性格的人打交道,也要区别对待。这不是指那种见人说人话、见鬼说鬼话的世故圆滑,也不是指那种逢场作戏的玩世不恭。我们所说的待人有别,是指要看到性格不同的人,有他自身的特点,我们要针对这些特点采取因人而异的恰当态度。

心灵悄悄话
XIN LING QIAO QIAO HUA >>>

为人不能没有手段,处世必须讲究方法。否则,就会处处树敌,事事碰壁。掌握了为人处世的方法,经营事业和人生,才能达到无往不利、左右逢源的高超境界。这里所主张的"方法"和"技巧",并不是某些人所推崇的"奸猾"和"世故",而是要把握住"直率"与"豪爽"的分寸,尽量给别人留下良好的印象,促进彼此的融洽相处。

一定要抛弃不必要的面子

说到面子,大概每个人对此都有说不清的感受。一方面大家对面子问题很敏感,都希望自己有面子,任何时候都会想方设法保全面子。只要有面子,就会精神倍增,信心爆棚,心情就好得不得了。另一方面,又常常因为要面子、挣面子而打肿脸孔充胖子,让自己身心疲倦,活得很累。

美国人史密斯在所著的《中国人的性格》一书中,共列举了中国人的个性有 27 项,他把"保全面子"放在了首位。

史密斯认为,面子思想是中国人最特有的个性。事实上也如此。中国人对面子问题是非常介意的。虽然在很多词典里面都找不到"面子"一词的解释,但从"人活一张脸,树活一张皮""打人不打脸,骂人不揭短"这些俗语中,就可以看出,"面子"一词已经是深入人心,甚至是根深蒂固的了。

有一个书生,家里很穷却很爱面子。一天晚上,小偷来到他家中,搜寻之后,没有发现值得一偷的东西,便跺脚叹道:"晦气,我算碰到了真正的穷鬼!"书生听了,赶紧从床头摸出仅有的几文钱,塞给小偷,说:"您来得不巧,请将就把这点钱带上。但在他人面前,希望您不要张扬,给我留点面子啊!"

从这个小笑话中不难看出,某些人多么在乎面子。近现代历史上的一位爱国主义者杜重远先生对此大声疾呼:"要面子不要脸这几个字,包括尽了中国的劣根性。政治腐败、经济破产,都是由于要面子不要脸这种人生观的缘故。所以,要拯救中国,先要革除这种人生哲学。"

　　面子是中国文化中特有的东西。鲁迅先生指出："面子是中国人的精神纲领。"据说在英文中就没有"面子"一词，在中文翻译英文时，好多人把"面子"翻译成"名誉"，这显然是不确切的。因为"名誉"是由于个人的杰出才能、伟大贡献所赢得的光荣。而中国人所谓的"面子"应该是介于"荣誉"与"虚荣心"之间的一种内心的情感因素。

　　爱面子是人对自身形象的一种维护，也是人的一种羞耻心理的行为表现，如果人不要面子不要脸，会是一个众人所厌恶的家伙。"不怕不要命的，只怕不要脸的"说的就是这个意思。但是，如果太顾及脸面的话，很多时候只能是让自己有苦说不出。"死要面子活受罪"，正是对此种心态的极佳写照。

　　有人将面子理解成自尊，这是不对的。自尊是什么？自尊就是自己尊重自己，自己看得起自己。而面子思想却是因为太在意别人对自己的评价而产生的虚荣心，它是精神的枷锁、灵魂的裹脚布，严重干扰人的正常思维与行动。在现实中，有一些人为了面子奔波一生，最后留给自己的却是烦恼一堆。其实，他们输的不是他们的个人能力，也不是他们的行为技巧，而是这个不值一钱的薄薄的脸面。

　　一个人只有抛弃虚无又虚伪的面子思想，用平常心来看待名利得失，实实在在地做人做事，才能活得快乐和成功，战胜虚荣，追求真正的荣耀。

　　法国文学家莫泊桑著名的小说《项链》描写了一个虚荣心十足的路瓦栽夫人。她为了在一次宴会上出一下风头，特地从女友那里借来了一条钻石项链。当她戴着项链在宴会上出现的时候，引起了全场人的赞叹和奉承，她出足了风头，虚荣心得到极大的满足。不幸的是，在回家的路上，这条钻石项链却丢失了。为了赔偿这条价值36000法郎的项链，她负了重债，当债还清时，她才知道，原来那项链是假的，最多值500法郎。这就是虚荣心招致的恶果。

虚荣心表现在学习和工作上,往往是有些人学习、工作取得成绩并不那么突出,却希望得到超过自己实际水平的赞誉。若得不到,就自己表现自己,逞能逞强出风头,甚至作弊掺假,骗取荣誉。结果工夫没有下在实处,而是虚张声势,追求表面,很不踏实,受到一点表扬,就沾沾自喜,飘飘然,自满自足,不再前进。有的人还想方设法在"金钱""地位""相貌"上追求虚荣,结果在生活中遭受不必要的挫折或误入歧途。

要使自己树立真正的自信心,就必须有意识地克服虚荣心。如下建议可供参考:

(1)学会正确认识自我。

一个人必须学会正确认识自我,做到有自知之明。要能正确评价自己,既看到长处,又看到不足。要正确了解自己的心理状态,承认自己的能力,坦白自己有不能干的方面,许多虚荣的做法就能避免。只有充分认识自我能力及自身状况后,才能极大地发挥自己的能力优势,使自己的行为更加合理、更加适应外界环境和社会要求,克服虚荣心理。

(2)做到自尊自重。

做人要有起码的诚实和正直,绝不能为了一时的心理满足,不惜用人格来换取。只有把握住自尊与自重,才不至于在外界的干扰下失去人格。

(3)树立崇高的理想。

人应该追求内心的真实的美,不图虚名。很多人能在平凡的岗位上做出不平凡的成绩,就是因为有自己的理想。不要追求华而不实、虚幻的东西,而是应该把消除现实与理想之间的差距作为主要的努力方向。

(4)正确对待舆论。

虚荣心与自尊心是联系的,自尊心又和周围的舆论密切相关。别人的议论,他人的优越条件,都不应当成为影响自己进步的外因,决定需要的是自己的努力。只有这样自信和自强,才能不被虚荣心所驱使,使自己成为一个真正因有实力而自信的人。

(5)追求真实的荣誉。

社会上的一切物质和精神财富皆是劳动的创造,"天上不会掉馅

饼"，这个道理是很浅显的。

因此，我们不应寄希望于不经过努力就可以得到财富和荣誉。一切虚假的荣耀因为违背了人类社会的基本准则，因而没有生存基础，不但最终会丧失，而且自己也要受到惩罚，"图虚名，得实祸"是客观规律。

只有通过自己的劳动和创造为社会做出贡献而得到的荣誉，才是真实可靠的。

心灵悄悄话
XIN LING QIAO QIAO HUA >>>

从近处看，虚荣仿佛是一种聪明；从长远看，虚荣实际是一种愚蠢。虚荣的人不一定少机敏，却一定缺远见。虚荣的女人是金钱的俘虏，虚荣的男人是权力的俘虏。太强的虚荣心，使男人变得虚伪，使女人变得堕落。做人要追求自信和自强，才能不被虚荣心所驱使。

认真听取别人的意见

法国思想家卢梭曾经说过一句名言:人之所以犯错误,不是因为他们不懂,而是因为他们自以为什么都懂。每个人在长期的社会生活中,由于教育背景、生活经历的不同,都会形成一种固定的、有规律的思维方式。思维方式决定了人的工作、生活和学习的质量和效果。

很多情况下,随着年龄的增长和社会阅历的增加,人对某一事物形成了一定的看法后,在潜意识中即为自己的思路设置了一道保护屏障,遇到他人有不同的看法,会产生排斥,难以理解和接受的思想。

我们身边有许多人十分固执,常常与周围的人因为意见不合而争执不休。这样的结果是,即使你的意见十分正确,也很难让人接受。

实际上,当他人的思路与自己不一致时,求同存异、达成共识也是适应变化,并且是更深层次的适应。

当自己的想法与他人不同,如果试着暂时放弃自己的观点,去倾听一下人家的意见,并按他的说法去做一下,结果也许并不坏。

这样做的好处至少有如下几点:

其一,人家的观点可能比我的更好,由此我可以学习一些新的知识或思想方法;

其二,如果他的看法不如我的高明,实际效果的好坏能使他人认识到我的观点的合理性,从而愉快地接受我;

其三,这样做体现了一种高尚的妥协精神,可以带来和谐的人际氛围,收到良好的工作效果。

固执的人往往自以为是,听不进别人的意见,只想让别人接受自己的

观点。同时，会有一种盲目的自我崇拜心理，以为自己处处都比别人高明，自觉不自觉地把自己凌驾于他人之上。由于总是把自己的观点强加于人，势必会造成别人的心理反感，从而使交往在无形中产生一种"心理对抗"；还由于固执己见就难免会与人发生争执，从而影响与人的思想交流和融洽相处。

盲目地否定别人的意见，许多时候只是因为对别人的排斥，如果能够做到理解别人、宽容别人，那么就能减少盲目性。要善于发现别人的见解的独创性，只有这样，才能多角度地看问题，那么你就会发现，固定在某一个立场上，有时显得多么傻。

相信自己是成功的前提，听取别人的意见也是走向成功必不可少的条件。一个人如果经常听取别人的意见，会使自己增长很多的见识，会让自己少走很多的弯路，争得更多的时间去追求完美，更好地走向成功。如我国历史上的秦朝，就因为历代秦王听取百里奚、商鞅、张仪等的意见，从而使得秦国壮大继而统一全国，成为中国历史上让世界瞩目的一个王朝。再如，我国历史上的唐太宗，就因为以史为镜，听取魏征等一班诤臣的意见，从而在中国历史上留下了"贞观之治"的壮举，成就了自己的大业。由此可知，听取别人的意见是走好成功之路的一个关键点。

也许，有人认为，既相信自己又听取别人的意见，那不是自相矛盾吗？其实不然。相信自己与听取别人的意见是辩证统一的关系。在这里说的"相信自己"并不是不切实际的夸大自己的力量，而是站在事实的基础上，而又高于事实的相信自己，那才是正确的相信自己。在这里的"听取别人的意见"不是一味地盲从，不加选择地听取别人的意见，而是择其善者而从之，这才是适度听取别人的意见。由此可见：相信自己与听取别人的意见并不是相互矛盾的，而是辩证统一的。

人的进步取决于思想方式的不断改善，人应该善于改造和完善自我，不断地改善自己的思维模式。放弃无益的固执，学习倾听和妥协，其实自以为是，还不如承认自己的无知。

心理学家指出，平时动不动就说"我知道"的人，头脑迟钝，易受约

束,不善同他人交往。迅速和现成的回答,表现的是一种一成不变的老一套思想;而敢于说"我不知道"所显示的,则是一种富有想象力和创造性的精神。如果我们承认对这个或那个问题也需要思索,或老实地承认自己的无知,那么,我们自己的生活方式就会大大地改善。

敢于说"我不知道"的人,至少可以从中得到如下益处:

(1)增加自己的可信性。

有一位学问高深、年近八旬的老妇人,她原是大学教授,会讲五种语言,读书很多,语汇丰富,记忆过人,而且还经常旅行,可以称得上是见多识广。然而,人们从未听到过她卖弄自己的学识或对自己不了解的事情假称通晓。遇到疑难时,她从不回避说"我不知道",也不用自己的知识去搪塞,而是建议去查阅有关专著、资料,以做参考。

看到老人的这一切,我们才真正懂得了怎样才能被别人敬重。

(2)消除偏执和成见。

有一天,吉米听到一个刚出院的朋友和人们谈论着城镇的一个银行家。谁都知道这位银行家很富有,但性情暴躁,十分自负。可是,听着朋友讲话,吉米惊讶地得知自从这银行家退休以后,他就用很多时间去医院探望病人,送去图书、报刊和其他礼物。吉米庆幸开始时自己没有谈出原有的印象,这样使得他那不再符合事实的印象得到改变。

(3)开阔视野,增长知识。

古希腊著名哲学家苏格拉底讲过:"就我来说,我所知道的一切,就是我什么也不知道。"他以最简洁的形式表达了进一步开阔视野的理想姿态。可以说,至今仍有很多人信奉这句名言。

应该说,作家斯蒂芬·马洛个人对印度还是比较了解的,尤其是那里

的森林。因为，为了研究野生动物，他曾跑过印度的许多地方。一次，一位也在印度待过多年的先生和他谈起了这个国家。斯蒂芬没有介绍自己的经历，而是专心听他讲。结果从中得到不少收获：他介绍的喜马拉雅山脉某些分支地段的风貌，斯蒂芬是全然不知的。后来，斯蒂芬把那天边听边学到的东西写进了自己的一部小说中。

斯蒂芬在他的作品中，让其中的一个人物说过这样一段话："我想，在日常生活中，最讨人喜欢的几个字也许是：'我不知道。'这句话可以作为跳板，使你感到惊奇并使你揭开对每个人来讲都会有的奥妙。"

心灵悄悄话
XIN LING QIAO QIAO HUA >>>

许多自欺欺人的德行，大部分都是因为自以为是造成的。实际上，听听大家的意见，换个角度思考问题，并不能说明自己无能。而恰恰是自以为是、刚愎自用的态度，让自己的长处成为短处，让自己失去了进步的机会。巴甫洛夫说得好："不管人们把你们评价的多么高，但你们永远要有勇气对自己说：我是个毫无所知的人。"

过分贪婪的人容易因小失大

我们中大多数人会做极其相同的事情:我们想要这个或那个,如果我们不能得到我们想要的,就不停地去想我们所没有的,并且会保持一种不满足感。

南非的沙比亚丛林,至今还生活着相当原始的西布罗族人。他们的捕猎方法很简单,没有猎枪,甚至也没有弓箭,就是让动物们自己跑到他们设下的陷阱里。

西布罗族人运来许多胶泥,在丛林的湿地上铺成一片胶泥地,再在上面放一只鸡或者一只野兔,然后他们开始等待。凡是吃肉的动物,只要走进丛林,便会被兔子或鸡吸引,一步步走入泥沼,越挣扎就陷得越深。而陷入的动物又会引来更大的动物,几天之后,泥沼地里就会被许多猎物点缀。这时,西布罗族人抬来木板,铺在胶泥上,轻而易举地将猎物收入囊中。

同样,居住在大西洋撒拉丁小岛上的丁尼族人,他们的捕猎方法与西布罗族人可谓是异曲同工。

他们也过着一种较为原始的生活,只是他们捕猎的方法不是用胶泥,而是学蜘蛛,用一张张细细密密的粘网。他们把粘网挂在树上,鸟、猴子及树上的爬行动物便都会自投罗网。

如今世界上的许多诱骗,许多陷阱,还都是古老的、原始的,但却经久不衰。

人类走到今天，早已步入了科学的时代，几乎所有的领域都被改进。但说来奇怪，当人们面临一个个简单的骗局时，依然还会上当。在这一点上，人类并没有进步。

人们只要有欲望，就不可能破解那些陷阱，包括那些最原始最古老的陷阱。

大千世界，万种诱惑，如果你什么都想要，只会压垮你，使你走向失败的深渊。为了获得理想快乐的人生，必须放弃贪心，学会控制自己的命运。

现实生活中，贪婪的人往往容易被事物的表面现象所迷惑，甚至难以自拔，事过境迁，后悔晚矣！

由于贪婪心理的推动，人常常会犯傻，什么蠢事都会干出来。贪婪是一切罪恶之源。贪婪能令人忘却一切，甚至自己的人格；贪婪令人丧失理智，做出愚昧不堪的行为。因此，我们应当采取的态度是远离贪婪，适可而止，避免因小失大。

这也就是说，只有懂得舍弃，才不会因小失大。有的时候，因为小题大做就会因小失大，甚至会为此付出惨重的代价。作为一个成熟的人，你要学会舍弃。那些你不熟悉的行业，千万不要轻易进入。别人在赚钱，不要眼红心动，否则，今天的投资，就意味着明天的垮台。

真正的舍弃是为了得到，是在扬弃中开始新的进取。犹如我们在沙漠中行军，必须知道什么情况下扔掉什么东西，以减轻负荷，保存体力，不要让多余的追逐增加生命的负担。

利奥·罗斯顿是美国好莱坞最胖的电影明星，他的腰围6.2英尺，体重385磅，走上几步路也会气喘吁吁。医生曾多次建议他注意节食，减少演出，如果再为金钱所累，将会危及生命。但罗斯顿却不以为然地说："人到世界只有短暂的几十年，我虽然有很多钱，但我还要拼命地继续挣下去。因为，我太喜欢钱了。"

罗斯顿不但没停下挣钱的脚步，反而更疯狂地到世界各地演出挣钱。

放弃——放弃延伸芳草路

1936年，罗斯顿在英国伦敦演出时，突然晕倒在舞台上，人们手忙脚乱地把他送到伦敦最著名的汤普森急救中心，经诊断，他是因心力衰竭而导致发病。紧急抢救后，他虽勉强睁开了眼睛，但生命依然危在旦夕。尽管医院用了当时最先进的药物和医疗器械，最终还是没能挽留住他的生命。弥留之际，罗斯顿断断续续说出了一句话：你的身躯很庞大，但你的生命需要的仅仅是一颗心！

根据自己切身的体会，美国石油大亨默尔在自传的结尾中写道："这个世界上，不知有多少人日夜在为金钱财富拼命，挣到了百万还想挣到千万，达到了千万又想挣到亿万，一门心思聚敛钱财，到头来，自己究竟得到了什么呢？我之所以要这样做，只不过是汲取罗斯顿的教训罢了，他那句临终遗言'你的身躯很庞大，但你的生命需要的仅仅是一颗心'，让我大彻大悟。但我还要加上自己的感悟：富裕和肥胖没什么两样，不过是获得超过自己需要的东西罢了。多余的脂肪会压迫人的心脏，多余的金钱会拖累人的心灵，多余的追逐会增加生命的负担。要想活得健康和自在一点，就必须尊重自己的生命，舍弃那些'多余'的财富。"

假如自己贪婪的欲望不及时消除，不仅健康会受到损害，而且人生也会面临大灾难，就像飞蛾一定要去扑灯火那样，只有焚烧了自己的身体才算了结，这是最为可悲的。

很多时候，人都是自作自受，不应该得到的东西，偏要日夜去强求，结果不必要的麻烦和痛苦就来了。要从心底里去掉贪欲，把它扼杀在萌芽状态，以避免心中的恶念长大以后祸害自己。

俄国大文豪列夫·托尔斯泰写过一篇小说《一个人需要很多土地吗?》，大意是这样的：有一个人想得到一块土地，地主对他说，清早日出时，你从这里往前跑，跑一段就插一个旗杆作为标迹，只要你在太阳落山前赶回来，插上旗杆的地都归你，那人听了之后，就不要命地跑啊跑，太阳偏西了还不知足。太阳落山时他终于回来了，但此时他已经精疲力竭，摔

倒在地就死了，于是有人挖了个坑，将他埋了起来。牧师在给他做祈祷时，看着面前这座小小的坟茔叹道："一个人要多少土地才够呢！就这么大。"

托尔斯泰曾把中国老子的《道德经》译成俄文。有人揣测，他写这篇小说就是受了老子的影响。老子说："祸莫大于不知足，咎莫大于欲得。故知足之足，常足矣。"

人赤条条地来去于这个世界上，不可能永久地拥有什么，当你煞费心机所获取来的又在自己赤条条地离开之前交给他人的时候，那将是怎样的一种心态呢！相反，假使我们能对我们现有的一切感到满足，那么，我们便会洒脱地自得其乐，幸福也自在其中。

心灵悄悄话
XIN LING QIAO QIAO HUA >>>

如果我们确实得到我们想要的，我们仅仅是在新的环境中重新创造同样的想法。因此，尽管得到了我们所想要的，我们仍旧不高兴。当我们充满新的欲望时，是得不到幸福的。诗人泰戈尔说过："当鸟翼系上黄金时，就飞不远了。"只有放弃贪心，控制欲望，才能享受真正的人生。

不要过分的自私

我们总是在做自己内心想做的事情,从这个角度而言,每个人都是自私的。自私是人类谋求生存的一种本能。自私并不可怕,可怕的是私欲太盛,利令智昏,时时处处以自我为中心,以损公肥私和损人利己为乐事,一切围着自己想问题,一切围着自己办事情。在满足其一己之私的过程中,不惜损害公益事业,不惜妨害他人利益。这样的人谁不怕? 怕的时间长了,这样的人也就如同瘟疫一样,人们避之唯恐不及;怕的人多了,这样的人也就如过街老鼠一样,人人见之喊打。这样的人即使是比别人多捞取了一些利益,也不会从社会的意义上获得真正的幸福。

法国作家大仲马有一句名言:"人的脑袋是一座最坏的监狱。"落后的传统的思想观念、生活方式和旧的思维方式,一旦在一个人的头脑里形成,就很难摆脱,形成思维障碍。

自私是人的本能。很多的行为便以此为中心点而形成;而依性格、教育及生活经验的不同,自私表现在行为上也有不同的形式。一种是"善"的形式。"善"的形式是利人又利己,例如上班,一方面为老板做事,间接服务了消费者,一方面赚了钱,可以养活自己及一家大小,满足生存上的需要。另外一种形式则是"恶"的形式。这种形式的自私是只求利己而不求利人的,如果只利己但也不伤人,那么这种自私还不算是太"恶"。有一些人的自私是通过"伤人"来"利己",这才真的是"恶"!

自私自利者不管是偷盗、贪污、索贿或挪用等手段,把公共或他人的财产变成自己的财产,还是以权势捞取地位和荣誉,在别人看来,无疑都是不光彩的。尽管他们有时利用平时通过卑劣手段捞取的财、权来给某

些人送人情，买人心，使这些人不得不感谢他们，但更多的人却是瞧不起他们的。

贪图不义之财的人，心灵是不会安宁的。他们在损公坑人的时候，只是在物质上、权势上和声誉上肥了自己，暂时得到了一点实惠，而付出的却是人格和灵魂的代价。由此，他们失去了纯洁美好的心地，从本来美好的人生境界跌到了一堆垃圾上。这种堕落是根本性的损失，永远无法挽回的损失，终归是得不偿失的。

诚然，在无限的时间和空间里，每个人都处在一个独一无二的点上，而每一个人又都是一个完整的世界。一个正常的人，关心自己，发展自己，实现自我，是每个人的追求，这没有什么不合理的，是无可厚非的。只是要放弃过分自私，不可只为自己划算而不考虑别人，不可损人利己、损公肥私。学会从别人的角度考虑问题，学会分享，适度地放弃一些个人的利益，凡事不要只从个人利益得失方面去考虑

"扬州八怪"之一的郑板桥给后人留下了两条含有深刻哲理的字幅，一个是"难得糊涂"，另一个就是"吃亏是福"。"吃亏是福"的来历是这样的：

郑板桥有个远亲叫郑煊，有一次郑煊做木材生意，货运到外地，货价狂跌，眼看就血本无归。郑煊以为自己的末日到了，便将苦恼告诉郑板桥。这时，郑板桥便送了郑煊一幅勉词，题头写的是"吃亏是福"。

看到这横幅，郑煊精神上得到稍许安慰，心境也逐渐平静下来，便带着自己的商船回家。没想到在回家的路上，木材的价格突然涨起，郑煊因此发了财。回家后，郑煊静静地思考着郑板桥给他的题词，并从中体会出了人生哲理，于是将郑板桥的题词作为家训，刻在墙壁上以示后人。

在台湾有一个建筑公司的老板，他从1万元台币起家，最后拥有了100亿台币的资产。他说他在别家做总经理时，曾经问他的老板："我如何跟你一样成功？"老板说："假如你要成功的话，我建议你参考李嘉诚的赚钱哲学：7分合理，8分也可以，那我只拿6分。"正如一位著名的企业家

所说的:如果我们能替别人的利益着想,那么,我们的事业才能繁荣。

在利益面前,各种人的灵魂会赤裸裸地暴露出来。有的人在对自己有利或利益无损时,可以称兄道弟,显得亲密无间。可是一旦有损于他们的利益时,他们就像变了个人似的,见利忘义,唯利是图,什么友谊,什么感情统统抛置脑后。

事过之后,谁还敢和他们交心认友呢?当然,大公无私、吃亏让人、看重友谊的人还是多数。但是,在利益得失面前,每个人总会露出本来面目的,每个人的心灵会暴露出来当众表演,想藏也藏不住。其实,每个人在维护自己利益的同时,也需要维护别人的利益,或者说在维护自己利益的时候,不要损害别人的正常利益,多为别人的利益得失考虑。这也是在为自己创造利益。

人生在世,能有几多春秋?凡事都不要只从个人利益得失方面去考虑。人,有时总会患得患失,有时得到的,不一定就是好事;失去了,也并不一定是坏事。

一个婴儿刚出生就夭折了,一个老人寿终正寝了,一个中年人暴亡了……他们的灵魂在去天国的途中相遇,彼此诉说起了自己的不幸。婴儿对老人说:“上帝太不公平,你活了这么久,而我却等于没活过。我失去了整整一辈子。”老人回答:“你几乎不算得到了生命,所以也就谈不上失去。谁受生命的赐予最多,死时失去的也最多。长寿非福也。”中年人叫了起来:“有谁比我惨!你们一个无所谓活不活,一个已经活够数,我却死在正当年,把生命曾经赐予的和将要赐予的都失去了。”

他们正谈论着,不觉到达天国门前,一个声音在头顶响起:“众生啊,那已经逝去的和未曾到来的都不属于你们。你们有什么可失去的呢?”三个灵魂齐声喊道:“主啊,难道我们中间没有一个最不幸的人吗?”上帝答道:“最不幸的人不止一个,你们全是,因为你们全都自以为所失最多。谁受这个念头折磨,谁的确就是最不幸的人。”

这个故事告诉我们：计较个人利益得失的人是最不幸的人。现实生活中，有些人为了个人的得失，抛弃所有人的期许。在他追求权势、名望，超越自身价值时，就必须损害别人的利益。之后，便一发不可收了。为了满足更大的欲望，就顺理成章变本加厉地无恶不作，不顾虑别人的利益得失。

在生活中，无论事情大小，都要负起自己的责任。不要只顾个人的利益得失；而应该多考虑考虑别人的感受，多为别人着想。切记"有所得就有所失，而有所失就有所得"的古训。

心灵悄悄话
XIN LING QIAO QIAO HUA >>>

假如你面对任何事情都首先考虑自己，永远只考虑自己，不懂得换位思考，不愿意分享，那么，你的人生道路就会越走越窄。所以说，适当地放弃自私是一种智慧。

放弃过分的嫉妒

嫉妒之心人皆有之,但适度的嫉妒能激发人的进取心,但过分的嫉妒却是害人又害己。

嫉妒常被称为绿眼睛的恶魔。如果你对某人怀有嫉妒之心,可以确定的是,它不仅会伤害到你这些情绪所直指的人,而且你自己所受到的伤害可能更甚于他们。

嫉妒就像疾病一样,他们会在你体内不断损害侵蚀你。有心理学家指出,一般地说,嫉妒常常会带来三种严重的后果:

一是谋杀。亚当之子该隐之所以杀害他的弟弟亚伯,就是因为嫉妒他的弟弟。

二是背叛。约瑟的兄弟之所以把他卖到埃及当奴隶,是因为嫉妒他的是父亲最爱的儿子。他们无法忍受看见他身上所穿的外套的华丽。

三是友谊破裂。

有一位中年的新闻从业人员,他非常嫉妒他的朋友——一位出名的小说家,当然也嫉妒他朋友所出的书。而另一方面,他那位小说家朋友却嫉妒这位新闻工作者由于一篇大众皆知的出色报道,而被提名角逐普利策奖,因为这个奖项是那位小说家根本沾不上边的殊荣。结果,这两位朋友从此见了面话也不说了。

在通往愉快生活的道路上,嫉妒是最大的障碍之一。不从根本上摆脱嫉妒心理,就不能获得真正的成功和快乐。

　　因为别人在事业上或者生活上所拥有的一切而感到难受，这种感觉会带给人们多少痛苦？有多少婚姻暴力是由于嫉妒心在作怪？有多少婚姻毁于嫉妒？有时候人们的嫉妒确有其事，但有时候却纯粹是乱想。又有多少自杀事件，是嫉妒的产物？有多少人是因为嫉妒别人而犯罪，以至坐大牢？除此之外，被某个你甚至不认识的人嫉妒，可能为你带来大麻烦，害你花了冤枉钱，甚至对你本身和声誉造成伤害。

　　心理学家指出，当你努力攀登顶峰时，要把对他人的嫉妒转化为对他们的成就感到骄傲。不要只是说："我希望能够跟他或她一样。"你应该脚踏实地去做一些事，才能使得自己跟他或她一样有成就。既然羡慕与嫉妒的情绪并不能让你由板凳队员成为场上主力，那么，你为什么还要坐在场边任由这种情绪泛滥呢？

　　如果你总是在担忧别人在做些什么，以及他们是如何做的，你会发现，你攀登顶峰的路途将是倍觉艰辛。当你眼见别人表现得非常好，看到他们的成功或者正在享用胜利的成果，就好好看看他有什么是你可以借鉴的，借以增长自己的能力，进而克服嫉妒的心理。

　　容易遭嫉妒的是这样一些人：出身微贱一旦升腾的人；后起之秀，他们最易受元老们的嫉妒；出于往上爬的野心四处揽人情的人；骄傲自大，时时处处去显示自己的优越，力图压倒一切竞争者的人；坐享其成的富家公子；享有某种优越地位而又狡诈地掩饰的人，他们使人觉得他们没有价值因而不配享有那种幸福；好抛头露面者以及那些代替大人物出了风头的傻瓜。

　　嫉妒心重的人往往人际关系紧张，因为他总是忙忙碌碌在别人背后说三道四，自然会引起被攻击者的反感，造成人际关系紧张。

　　染上嫉妒恶习的人，应该怎样克服这一心理上的弱点呢？

　　首先要心胸开阔，正确对待在事业上和学习、生活上比自己能干的人。其次，要充分认识嫉妒害人害己产生的恶果。嫉妒者多半把自己的主要精力和全部智能都下意识或十分明确地用于攻击和伤害被嫉妒一方。虽然有些嫉妒者也知道这样做于事无补，但仍像中了邪似的受制

于它。

一种克服消极嫉妒心理较好办法是:唤醒你的积极嫉妒心理,勇敢地向对手挑战竞争。积极的"嫉妒心理",必然会产生自爱、自强、自奋、竞争的行动和意识。当你发现你正隐隐地嫉妒一个在各方面比自己能干的同事时,你不妨反问几个为什么和结果如何? 在你得出明确的结论之后,你会大受启示。长时间地停留在嫉妒之火的折磨和煎熬中,并不能使自己改变面貌。要赶超他人,就必须横下一条心,在学习或工作上努力,以求得事业上的成功。你不妨就借嫉妒心理的强烈超越意识去奋发努力,升华这股嫉妒之情,以此建立强大的自我意识以增加竞争的信心。自卑感强的人容易嫉妒,因为他们想逃避现实而故意虚张声势,因为惧怕失败而采取嫉妒的手法。所以,首先要对自己的能力、潜力有一个客观的认识。不自我夸大,也不自我贬低。只有在自我感觉好、自我意识能力强的前提下,才能变消极嫉妒为积极嫉妒,也才能在积极嫉妒心理中获取能力、接受竞争意识的刺激。当然,在你反问几个为什么之后,你可能会觉得自己的天赋、客观条件、知识、能力都不如人家。这也无妨,不要自卑,更不要嫉妒。你不妨再找找自己的优势,在某一方面发挥你的优势,在竞争中发挥你的聪明才智,从而找到你的心理位置,得到生活的乐趣。

心灵悄悄话
XIN LING QIAO QIAO HUA >>>

积蓄你自己大量的精力、时间、智慧去产生应该属于你范围内的积极嫉妒心理;不嫉妒,就是要洒脱和不甘于落后,对自己充满必胜的信心。这才是强者的风度。

第六篇 >>>

放弃，维护自身的利益

俗话说："人善受人欺，马善受人骑。"这并不是要我们不做善良的人，而是启示我们放弃不必要的善良，把握好善良的尺寸，把善良这把钢刀用在刀刃上。该拒绝的时候一定要拒绝，该追求的一定要追求，不要唯唯诺诺，也不要鲁莽霸道，与人和谐相处的同时，也要保护好自己的合法权益，不使自己受到伤害。

曾有这样一句话：握紧双手，那么里面什么也没有；还是伸开双手吧，那么将会拥有自己想要的一切。

善良和慷慨要有节制

近年来，在市面流行着这样一句话："做人要狠，做事要稳。"在很大程度上，这句话道出了一种可供参考的为人处世的哲学。但是，在理解和借鉴这句话、指导自己为人处世的时候，一定要全面准确，注意把握分寸，千万不可偏颇。

正如莎士比亚在《哈姆雷特》中所说："我必须残忍，才能善良。"不是让我们不发慈悲，失掉一颗爱心；而是强调，应当放聪明点儿，有节制而且超然地表示同情。

出于天性，在生活中，很多人都很容易同情那些不知名的穷人。为他们解囊，比对我们认为是自己的"亲人"要容易得多。然而，这种过分的慷慨，并没有带来好的效果。对一些人来说，似乎是你给予他们越多，你越应该给予他们。这些人的举动就好像你欠他们似的。他们因此而变得懒惰、贪婪和滋生了强烈的依赖性，满足于接受"嗟来之食"的寄生生活。

贝思和丽沙已经相识20多年了。丽沙是一位离过婚的女人，孤身生活了十几年。最近，贝思的丈夫通知贝思，他要跟她离婚。贝思搬到丽沙的家中居住，她自己的房子被卖了。

丽沙同情贝思，想竭尽全力帮助她。为了减少贝思的生活开支，她让贝思跟她住在一起，分文不收。丽沙用尽了自己所有的积蓄来满足贝思的一切需要，但贝思总是不满意。六个月过后，贝思搬走了，从此以后，她们俩人再也没有说过话。这一事件使丽沙感到，自己受到了伤害和虐待。她告诉朋友说："我太快而且毫无保留地敞开自己的胸怀和钱包，慷慨地

给予一切。我难以抑制自己的表现，可是，贝思的胃口愈来愈大。"

这启示我们，为了做到善良，我们不得不做棘手的事。在生活中，表现自己善良和慷慨一面的时候，有节制是很必要的，要适度抑制自己过分表示同情心的愿望。

同样的道理，好的父母都知道，控制自己过度娇纵和溺爱孩子的迫切心情，是很重要的。他们明白："我必须残忍，才能善良。"在为人处世的时候，这一原则真的不可忽视。

在人们日常的交往中，那些与别人相处得最融洽的人，并不是最老实、最善良的人，而是表现得恰到好处的人。比如，他们往往很清楚自己和邻居东西的分野。当他们保护自己的东西时，邻居也会尊重他们的所有权。

我们并不反对善良，但是，无论如何都要坚持自己的权利。你若随便让别人占你的便宜，你不仅会失去维护自己权利的能力，你也削弱了那种站出来争取你应得权利的尊严。这不是说人不该慷慨大方。人的确应该慷慨，但是应该是有分寸、讲原则的，不能轻视自己的权利。假如你向别人让步，而且你又没有慷慨的资格，只是让自己负担不起，这种行为最后会让你付出代价。为了更愉快地生活，一定要放弃不必要的善良，避免你的善良被别人利用。

有些人会找出人们感情上的弱点，使人们心理有压力，去迎合那个制造压力的人，事后才知受骗。过分善良老实的人，更是经常成为这种场合的受害者。怎样才能克服自身的弱点，防止被别人利用呢？看看你有没有以下弱点：

（1）易生恻隐之心。一些玩弄"我好可怜"把戏的人，擅长欺骗别人。遇到这种人时要自问："此人是否在玩弄我的同情心？"另一种惯用手法是哭泣，儿童的眼泪能说流就流，而且还会选择父母中间比较软的一位来实施眼泪攻势。有些成年人也用哭来提出他们的需要。

（2）容易感到内疚。最常见的一种操纵别人的手段就是使对方感到

内疚。有人很会装出一副自我牺牲或可怜巴巴的样子，其实他们都是这种感情敲诈的行家。

（3）害怕冲突。很多优柔寡断的男女为避免冲突，常常会对任何事情委曲求全。在父母经常发生冲突的家庭中成长的人，往往会憎恨任何形式的不和；在那些父母小心翼翼掩饰冲突的家庭中长大的子女，往往会有一种"必须保持良好关系"的观念。

（4）被谄媚所蒙蔽。孩子在父母即将惩罚他们时，会用热烈搂抱或亲吻表示爱，使父母心软下来从而使他们逃避惩罚。成年人之间也常用这种手段。谄媚能蒙蔽你的洞察力，使你甘愿顺从别人。

（5）害怕别人不同意。许多聪明有见识的人竟不能忍受别人不喜欢自己。这些不实事求是的人永远不知道，一味地追求别人赞同，会牺牲自尊和别人对自己的尊重。

（6）对自身地位缺乏安全感。处于特定位置的人（如父母、经理或监护人），既有权力也负有责任。当受到一个提出不公平合理要求的人指责或威胁时，受威胁人会因对自身地位没有安全感而做出让步。

（7）不能忍受沉默。想控制你的人会用一种冷峻的态度对待你。时间一长，你的心里就会产生一种抗拒的感觉，开始与之斤斤计较。

如果你有上述弱点，为了避免被别人利用，就要有意识地去克服，逐渐使自己从容易成为"受害者"的"老实人"群体中分离出来。

心灵悄悄话
XIN LING QIAO QIAO HUA >>>

同情是一种心理状态，而不是盲目地比赛你能为别人做多少事情。为了做到与人为善，我们常常必须抑制自己过分行善的欲望。

学会拒绝别人

一位著名的作家指出,这世界上确实有许多人不会说"不",他们因此给自己造成了许多麻烦。

詹姆斯这几天明显有些睡眠不足,他有太多的事情做。可是,当邻居海伦请他过去帮忙弄一下电脑时,他说:"好!"

派特请他帮忙抬电子琴到楼下时,他说:"行!"

哈瑞叫他帮忙照看一下自己的小孩时,他说:"可以。"

玛瑞安要他为她的派对做张海报时,他说:"没问题!"

他的特点是几乎从不说"不";而别克在这方面的风格习惯却与詹姆斯大不相同。

早上,露茜阿姨打电话来,问别克能不能陪她一起去看"苏富比"拍卖中国的古董,别克说:"不!"

中午社区报社打电话问别克能不能为他们的征文颁奖,别克说:"不!"

下午圣若望大学的学生打电话来,问他能不能参加周末的餐会,他说:"不!"

晚上,《华盛顿晚报》传真过来问别克能不能写个专栏,他说:"不!"

当詹姆斯说四个"是"的时候,别克说了四个"不"!

你或许会认为别克是不近人情,可当事人并没有这种感觉。因为,他很讲究方式和技巧。当他说第一个"不"时,同时告诉了她:"下次拍卖古董,我会去。至于今天,因为我对家具、器物、玉石的了解不多,很难提出

好的建议。"

当别克说第二个"不"时，他说："因为我已经做了评审，贵报又在最近连着刊登我的新闻，且在一篇有关座谈会的报道中赞美我而批评了别人。如果我再去颁奖，怕要引入猜测，显得有失客观。"

当他说第三个"不"时，他说："因为近来有坐骨神经痛之苦，必须在硬椅子上直挺挺地坐着，像是挨罚一般，而且不耐久坐，为免煞风景，以后找机会再聚吧！"

当他说第四个"不"时，他以传真告诉对方："最近刚刚寄出一篇文章，专栏文章等以后有空再写吧。"

别克说了"不"，但是说得委婉。他确实拒绝了，但拒绝得有理。因此能够取得对方的谅解，自己也落得清闲，而不像詹姆斯那样使自己睡眠不足。

这世界上确实有许多人不会说"不"，他们或是不敢，或是不好意思。

不敢说"不"的人，往往缺乏实力，他们只怕不顺着对方的意，自己就要吃亏。要知道，越是想讨好每个人的，最后可能谁也没讨好，因为没有人珍视他的"好"，却要加倍地责备他可能的不周到。

应该认识到，只有在你有并且表现出说"不"的实力时，对方才会感激你说的"是"；也只有在你知道说"不"的情况下，才能积蓄足够的实力说"是"。只有充满自信与原则的人，才知道说"不"；也只有别人知道你有说"不"的原则之后，才会信任你所说的"不"！

心灵悄悄话
XIN LING QIAO QIAO HUA >>>

在你不该答应别人的时候，请委婉地道出你的苦衷，或者说出你的原则，获得朋友的谅解，赢得对方的尊重！

放弃追求完美的心理

古人说:"人无完人,金无足赤","水至清则无鱼,人至察则无徒","全则必缺,极则必反,盈则必亏"。

可以说,每个人都在一定程度上不断地追求完美,追求完美也是人类的一种天性。人们适度追求完美没有什么不好。人类正是在这种追求中不断地完善自己,使得自身摆脱了树叶遮羞、结绳记事的年代,变得越来越漂亮、越来越聪明,成为这个世界万物之精灵。如果人只满足于现状,而失去这种追求,那么人大概现在还只能在森林中爬行。可见,适度追求完美是很有必要的。

然而,什么事情都要有个度,追求完美超过了一定的度,就会变得不完美。

无论何时何地,无论何事何物,都要适可而止。如果不达到想象中的彻底完美就誓不罢休,那就是在和自己较劲了。

完美是我们每个人都渴望追求的。我们可以接近完美,但不可能达到绝对完美。及早在头脑里树立这样的思想是极为必要的。

白皙的肌肤、清秀的容颜、丰腴的前胸、典雅的表情、匀称的身材加上残缺的双臂——这就是希腊神话中爱与美的女神维纳斯雕像。

维纳斯雕像是希腊划时代的一件不寻常的杰作,在古代西方艺术史中占有重要的地位。它为什么能有如此巨大的魅力,就是因为那残缺的双臂,给人留下了充分的想象空间,彰显出一种神秘感,透散出一种摄人心魄的缺憾美。

生活和维纳斯雕像一样,人人都有缺陷,事事都不完美。如果做人做

事都追求完美，那无异于自寻烦恼、自讨苦吃。比如说，一个人希望能过上完美的生活：吃要山珍海味、穿要绫罗绸缎、住要花园洋房、坐要名贵轿车、妻要国色天香、儿要聪明伶俐、财要富可敌国……有着这种心态的人，必定是心为形役、苦不堪言的。

有这样一则寓言故事：

上帝给了一个人一次机会，让他沿着一垄麦子走下去，不许回头，从中只能挑选一个最大的麦穗。如果能挑到最大的，那么，上帝就帮助这个人实现一个最大的愿望。

于是，这个人兴冲冲地出发了。他每次看到一个大麦穗，总是想，也许后面还有更大的。最后临到地头，只好随便挑了一个，而这个麦穗比前边的许多个都要小。

这个挑麦穗的人失败的原因，就是太过于追求完美。所有的麦穗，在他的眼里好像都不是太完美的。而事实上，相对最完美的麦穗已被他忽略了。

上帝安排这个节目是用心良苦的，他就是要告诉我们，人生不可能事事都如意，也不可能事事都完美。追求完美固然是积极的人生态度，精益求精固然是良好的工作作风，但如果过分追求完美，就必然会产生浮躁心理。不仅达不到完美，甚至过犹不及、得不偿失。

不要追求完美，要给自己和他人留一个宽松的空间。过分地追求完美，择业时会失去最佳的机会，择偶时会错过美好的情缘，择友时会舍弃生死之交的伙伴。世界上有些东西可以失而复得，而有些东西一旦错失良机，就是穷其一生也追悔莫及的。

我们不要对自己过于苛求，对他人也是一样要容忍别人的缺点。也许，你很愿意尝试去喜欢别人；然而，你的家人、朋友和同事中，却有一些你看着不顺眼的人。总是以恶为仇、以厌为敌是不行的，久而久之，你会无路可走，自身也会成为众矢之的。不吹毛求疵，不追求完美，不任性，不

以个人的爱恶喜厌为标准去交往,才是正确的态度。

春秋时代,当了30年齐国大臣的晏婴,是位著名的政治家。《左传》中,颇多晏婴的记载,比如说,晏婴经常劝齐景公要爱民,但齐景公却总是扰民。有一次,齐景公强令民工造大台,闹得齐国民不聊生,众百姓苦不堪言。正巧晏婴出使回来目睹了这一情景,他马上进言齐景公不要造台,齐景公总算同意了。晏婴却不急于回家,而是立即赶到工地,催促民工抓紧干活,稍有懈怠,就以鞭子抽打。晏婴骂累了、打累了,这才回家。他刚离开工地,齐景公的传令官就到了,下令停止施工,民工解散,可以回去和家人团聚了。民工一听此令,齐声欢呼,好像遇到大赦一般,高高兴兴地赶回家去了。

晏婴这样做,是故意把"贤名"让给君王,把"恶名"留给自己。孔子对他大为欣赏,说他既纠正了君王的过失,又使百姓感受到了君王的仁义。

人无完人,不管做到多高职位,无论有多高文化水平,有多高智商,总有不完美的地方和犯错的时候。

为了更愉快地与人相处,你有必要了解和遵守如下原则:

(1)要正视人与人之间的差异。

世界上的人都是千差万别的,完全相同的人是不存在的。性格、爱好、观点、行为不一致的人,在同一范围内生活相处是很自然的。如果纯粹以个人的爱恶喜厌来选择交往的对象,那就只能生活在一个越来越狭窄的天地里。

(2)要善于包容。

和"小人"交往,并没有降低你的人格。或许你会觉得对于那些性格观点不一致的人,固然不应该以爱恶喜厌来处理同他的关系;但对于那些品质不太好、行为不太检点,因而令你看不惯和不喜欢的人来说,和他过不去又有何妨呢?和他们交往岂不是降低了自己的人格?这种想法是不

正确的。

就感情而言，这种人的确很令你憎恶和讨厌，但这并不等于应该和他过不去，更不应置之于死地而后快，只要他不是讳疾忌医、不可救药的人，就应当尽力和他沟通，满腔热情地接近他、团结他、感化他、帮助他。这并不是降低人格，而恰恰是你具有高尚人格的明证。相反，要是人家一有错谬和不足，就把人家往死里打，往坑里推，这不但暴露了自己人格的低下，而且也显得心胸太过狭窄了。

（3）要善于自省。

非常可能，你和他有着相同缺点，才会觉得彼此格格不入。人一遇到和自己具有相同缺点的人，似乎波长会相合而产生跳动，即刻产生厌恶的感觉。

一位先生有如下体会，他说和对方关系好转之后，"才知道原来他从前对我也同样有厌恶的感觉，而且跟我唱反调，觉得我冷酷厌恶的理由完全和我的理由相同，这使我再度感到惊奇。"

当我们感到与某些人无法融洽相处时，不妨先反省自身，看看这其中有几分是属于自己的原因，然后换一种眼光看对方，你会有新的感受。

（4）要有容人之过的雅量。

所谓"容过"，就是容许别人犯错误，也容许别人改正错误。不要因为某人有过失，便看不起他，或一棍子打死，或从此另眼看待对方，"一过定终身"。

人非圣贤，孰能无过？谁都可能犯错误，这样一般而论，可能比较容易。"容过"讲的则是这样一种"过"，它给自己带来了一定的损害，或在某种程度上与自己有关。

例如，同事有了过错，合作者有了过错，或者是自己的家人有了什么过错等等。在这种情况下，能否有一种宽容的态度对待这种"过"，也是衡量人的素质的一个标准。

"容过"是一种美德，就是要压制或克服内心对于当事人的歧视，尽管自己心里并不痛快，感到懊丧，但却应该设身处地地为当事人着想，考

放弃——放弃延伸芳草路

虑一下自己如果在这种场合下会如何做,做错了某事之后又有何种想法。当然,这里需要"容"的是当事人本人,对于具体的事情本身,则应该讲清楚,该批评的必须批评。

心灵悄悄话
XIN LING QIAO QIAO HUA >>>

"完美无瑕"是我们不可能做到的,在这个世界上也是不存在的。任何事物的发展、任何人物的成长都会有缺失,"十全十美"是不可能的,"美中不足"才是常态。因此,我们对任何人(包括我们自己)和任何事都不要吹毛求疵,求全责备。

不要取悦所有周围的人

我们常用"长袖善舞"或是"八面玲珑"来形容交际场上的高手，或是擅长拉关系、处理人情世故的人。现实生活中，也的确不乏这等"专业"人士。他们好揣摩别人的心思而投其所好，待人接物妥帖到位，谁也不得罪，从而左右逢源。这类人做事总想取悦所有的人，害怕得罪任何一个。

当他具体处理某一件事时，首先考虑的就是：我怎么做才能赢得大家的好感呢。于是，他就时时刻刻揣摩别人对他的要求。结果，他竟不知道自己怎么去做，自己需要什么，陷于无所适从、进退维谷的泥沼。他总是失望，因为他不可能满足每个人的要求，他做不到面面俱到。

没有原则的人往往经不住他人的诱惑，自己的意志力比较薄弱，遇到什么事情，最初还能遵循自己的原则，听过别人三言两语的劝阻之后，最后的防线马上就崩溃了。

举个日常生活中最简单、最普遍的小例子。拿喝酒来讲，几个朋友坐在一起，常常要推杯换盏，边喝边聊。本来规定自己只喝三杯，而且开始时还能坚持，但没过多久，在朋友的再三劝说之下，脑袋一热，什么三杯原则，五杯又怎么样？于是，原则丢在了脑后，放开量喝了起来。其结果常常是酩酊大醉，误了其他的事不说，对自己的身体损害极大。这是多么不值得啊！

有一则寓言相信大家都听说过。

有一天，一对父子赶着一头驴进城，子在前，父在后，半路上有人笑他们："真笨，有驴子竟然不骑！"父亲觉得有理，便叫儿子骑上驴，自己走

路。走了不久，又有人说："真是不孝的儿子，竟然让自己的父亲走路！"父亲赶忙叫儿子下来，自己骑上驴背。走了一会，又有人说："真是狠心的父亲，自己骑驴，让孩子走路，不怕把孩子累死？"父亲连忙叫儿子也骑上驴背，这下子总该没人有意见了吧！谁知又有人说："两个人骑在驴背上，不怕把那瘦驴压死？"父子俩赶快溜下驴背，把驴子四只脚绑起来，一前一后用杠子抬着。经过一座桥时，驴子因为不舒服，挣扎了一下，结果掉到河里淹死了。

很多人做人做事就像这故事里面的那个父亲一样，过于在乎别人的看法。人家说什么，他就听什么！谁对他们的做法不满意，他就听谁的！结果呢？大家还是有意见，而且还都不满意。

分析一下这种人的心理，不怪乎有两种：一种是他不想得罪任何人，甚至想讨好每一个人，至于是非对错，那就不管啦；一种是他本身就是没有主见的人，无法分辨是非对错，所以谁说得有理，就听谁的。

但不管是什么样的心理，要想做到面面俱到，不得罪任何人，又想讨好每一个人，那是绝对不可能的。做人，你不可能顾到每一个人的面子和利益，你认为顾到了，别人却不这么认为，甚至根本不领你的情；做事，你也不可能顾到每一个人的立场。因为每个人的主观感受和需要都有所不同，你越是想让每个人满意，事实上，就越会有人不满意。其造成的结果将是可悲的：一是为了面面俱到，反而让自己受伤。因为怕对方不满意，还要小心察言观色，揣摩他的心思，这多辛苦，恐怕非神经衰弱不可。二是别人摸透了你想面面俱到的弱点，便会得寸进尺地向你索求，因为他们知道你不会生气，于是你就会变成人人看不起，给人好处别人还不感谢的大傻瓜。

那么，我们该如何改变这种追求面面俱到的心态呢？

首先，要学会放下面子，不要太在乎面子。其次，任何一件事情，如果你认为是对的，就要坚定不移地去做，对于别人的意见可以参考，但要看意见本身是不是合理，在参考别人意见时千万不要根据别人的脸色行事。

这样，即使你的坚持是错的，你也一样会赢得别人的尊敬，因为他们会为你的坚持而折服。

　　每个人都有自己的人生目标，每个人的思维方式也不一样，所以不要以别人的目标来衡量自己的价值。做自己喜欢做的事，让自己梦想成为现实，坚持不懈，直到成功，这才是我们所想要的结果。

心灵悄悄话
XIN LING QIAO QIAO HUA >>>

　　一味地在乎别人的看法，只会给自己增加负担，甚至放弃自己的想法。每个人都有自己的命运。如果一味地在乎别人的看法，就会失去自我，失去主见。

不要追求没有意义的"胜利"

人与人之间常常因为一些彼此无法释怀的坚持,而造成永远的伤害。一位哲人说:争执的双方,没有一个是胜利者。明代才子冯梦龙在《广笑府·尚气》篇中记载了这样一则故事:

从前,有父子二人,性格都非常刚直,生活中从来不对人低头,也不让人,且不后退半步。一天,家中来了客人,父亲命儿子去集市买肉。儿子拿着钱在屠夫处买了几斤上好的肉,用绳子串着往回赶,来到城门时,迎面碰上一个人,双方都寸步不让,谁也不甘心避开,于是,面对面地挺立在那儿,相持了很长时间。

眼看已到了中午,家中还在等肉下锅待客饮酒,做父亲的不由得焦急起来,便出门去寻找买肉未归的儿子。刚到城门处,看见儿子还僵立在那儿,半点也没有让人的意思。父亲心下大喜:"这真是我的好儿子,性格这么刚直。"又大怒:"那是什么人,竟敢如此放肆?"他蹿步上前,大声说道:"好儿子,你先将肉送回去,陪客人吃饭,让为父地站在这儿与他对抗!"

话音刚落,父亲与儿子交换了一个位置,儿子回家去烹肉煮酒待客;父亲则站在那个人的对面,如怒目金刚般挺立不动;惹得众多的围观者大笑不止。

一般而言,性格刚直者在处世中不易吃亏,受人钦佩。但太刚直了则会走向反面,这种人往往固执己见,严守自我的做人准则,不退让,不变通,没有半点柔和的气象。

人生在世,无一点刚直之气是不行的,尤其是应该心有所主,拥有一

些确定的做人的准则。这样，人们可勇气倍增，可与人抗争、与社会黑暗的东西抗衡，凸显出自我的个性和风貌。

但是，刚直并不是赌气，不是去追求无益的个人"胜利"，就像冯梦龙先生笔下所叙述的这对刚直的父子，仅仅为了避让这等小事，就与人对着干，不管其他的事，这就由刚直走向了蛮干，久之会引起别人的厌恶，最终会在人生旅途中碰得头破血流，有时候谦逊辞让反而使双方都受益。

在日常生活中，当自己的利益和别人利益发生冲突，友谊和利益不可兼得时，首先要考虑舍利取义，宁愿自己吃一点亏。郑板桥曾说过："吃亏是福。"这绝不是阿 Q 式的精神自慰，而是一生阅历的高度概括和总结。

清朝时有两家邻居因一道墙的归属问题发生争执，欲打官司。其中一家想求助于在京为大官的亲属张廷玉帮忙。张廷玉没有出面干涉这件事，只是给家里写了一封信，力劝家人放弃争执。信中有这样几句话："千里求书为道墙，让他三尺又何妨？万里长城今犹在，不见当年秦始皇。"家人听从了他的话，这下使邻居也觉得不好意思，两家终于握手言和，反而由你死我活的争执变成了真心实意地谦让。《菜根谭》中讲："路径窄处留一步，与人行；滋味浓的减三分，让人尝。此是涉世一极乐法。"可谓深得处世的奥妙。

舜敬父爱弟，可他的弟弟象表面看起来敬兄，内心却总想害死他。有一次他们俩去挖井，舜正在井内时，象却突然把井口封死。象以为舜必死，就想打他两位夫人的主意，于是来到舜家里。不料，舜大难不死，已从井的另一个出口脱身回到家里。象刚进门，见舜在弹琴，只好尴尬地说："我正惦记着你呢。"舜只是平静地说："多谢你的美意。你真是我的好兄弟，以后你协助我一起管理臣民吧。"舜有如此广阔的胸怀，是他成就一代帝王大业的重要基础。

林则徐有一句名言："海纳百川，有容乃大。"与人相处，有一分退让，

就受一分益;吃一分亏,就积一分福。相反,存一分骄,就多一分挫辱;占一分便宜,就招一次灾祸。

中国人一向把谦逊辞让作为德的首位。一个人,对于事业上的失败,能自认这方面的错误,就能让人感德;在有成就时,能让功于他人,就能让人感恩。事业成功了不能居功。不仅让功要这样,对待善也要让善,对待得也要让得。凡是坏处就归于自己,好处都归于他人。他人得到名,我得他这个人;他人得到利,我得到他这个心。二者之间,轻重怎样?明眼人一看,就知道分寸了。

古人说:"自谦人们就越服从,自夸人们就越怀疑。我恭敬就可以平人的怒气,我贪婪就可以启发人们的争端,这都是在于我的为人而已。"真正聪明的人会主动避免不必要的争执,因为他们懂得:让人为上,吃亏是福。

心灵悄悄话
XIN LING QIAO QIAO HUA >>>

不要因为小小的争执,伤害你的朋友。天底下只有一种方法能得到争执的最大利益——那就是避免争执。忍一时风平浪静,退一步海阔天空。如果我们都能从自己做起,开始宽容地看待他人,适度谦让,避免和放弃不必要的争执,就一定能收到许多意想不到的结果。

第七篇 >>>
放弃消极心态，积极面对人生

　　常常抱怨是一种不成熟的表现，也是一种懦弱的心理。而且这种思想还可能埋下重蹈覆辙的隐患。殊不知一帆风顺的幸运儿毕竟是少数。

　　人生的路充满坎坷。如果我们总是以消极的心态，怨天尤人，停滞不前，或坐以待毙，那么，就该明白没有足够的勇气和坚强，是不能采摘人生辉煌的果实的。

　　一位西方著名的成功学大师指出：如果你能改变你的思想，从悲观走向乐观，你便可以使你的一生发生改观。

抱怨和责怪别人是徒劳无益的

每当你不愿为生活中的某件事承担责任时，你也许会求助于抱怨责怪——然而，抱怨责怪是一种徒劳无益的表现。你可以尽情地抱怨别人，拼命责怪别人，但对自己不会有任何帮助。抱怨的唯一作用是为自己寻找一种开脱的借口，把自己的精神不快或情绪消沉归咎于他人。

莎拉总是抱怨不休。最令她感到头痛的一个问题，是她得了一种肥胖症。当她去看医生时，一坐下来就开始抱怨，她的体重之所以总是过高，因为她的新陈代谢功能不大好，小时候母亲总是要她多吃多长身体。如今她还是吃得很多，因为丈夫不照顾她，而孩子也不为她着想。她还抱怨，为了减肥，她已经尝试了各种方法——节食、吃减肥药、参加各种减肥训练等，甚至还采用了瑜伽术。她最后没有别的办法，只有求助于心理疗法。

在莎拉看来，她不能减掉多余体重的原因显而易见——每一个人、每一件事都在与她作对，包括她的母亲、丈夫、孩子，自己的身体和食物也不例外。节食、减肥和医生诊疗或许对某些人是会有些帮助的，但是对她却是无奈的。

很显然，莎拉是一个典型的外界控制型的人。在她看来，使她发胖的是自己周围的亲人，以及自己身体上某些无法控制的部位。这一切与她在某时某刻大吃某种食品是毫无关系的。如同她对于这一问题的认识，她在努力解决这一问题时，注意力也是侧重于外界的。她并没有认识到自己过去选择了过度饮食，而要降低体重，就必须学会做出新的选择。

经过心理医生几个星期的询诊之后,莎拉逐步认识到了自己的问题——她之所以精神不愉快、体重偏高,这都是自己选择的结果,并不是因为他人造成的。她承认自己经常吃得太多,常常超量饮食,同时又很少进行体育锻炼。她做出的第一个决定,便是实行严格自我克制。此外,她还改变了自己对母亲的看法,原先她总以为母亲总要控制她的生活,要她多吃多喝,这有碍于她的积极生活。后来,她认识到,母亲并没有控制她,她愿意何时去看望母亲就何时去,而不必非要遵守母亲指定的时间;同样,即使母亲叫她吃块巧克力,她也并不一定非吃不可。最后,她终于认识到,心理医生也无法帮助她减肥,唯一的办法只有靠她自己。

抱怨本身是一种愚蠢的行为。即使抱怨能够产生一定的实际效果,这种效果与你也是毫不相干的。通过抱怨,你可能会使别人悔恨,但你却不可能由此而消除使你不快的原因。对于这种原因,你或许可以不去想它,但却无法借抱怨而改变它。

这样,你就要对自己感受到的每一种情感负责。你不是一个机器人,无须根据他人制订的各种莫名其妙的程序,糊里糊涂地度过自己的一生;你应该更为严格地审视这些条条框框,逐步控制自己的思想、情感和行为,不要动不动就发牢骚和产生不愉快的心情。

发牢骚作为人们发泄不满的一种手段,在日常生活中几乎随处可见。不少人似乎对什么都看不顺眼。牢骚虽然时常可见,但方法却各有不同。一是直露攻击式,指名道姓地攻击、埋怨某人某事,措辞大多过火过激;二是指桑骂槐式,明知对某人某事不满,但并不直接进行攻击,而是采用迂回的方式表露自己的怨气、怒气;三是自我发泄式,遇到看不惯的事,关起门来自我发泄一顿,情绪反应往往比较激烈,但很快就可以恢复平静;四是暴躁狂怒式,在他人面前尽情地发泄不满和怨恨情绪,言语粗暴、情绪激动,大有不可收拾之势。

从情绪活动的角度来分析,发牢骚是由不愉快的心情所引起的,并又导致新的不愉快。因此,它是属于一种不良的、需要加以控制的情绪活

动。在日常生活中,避免牢骚满腹的方法是:

(1)缓和和疏导。

人遇到不平和不快的事情,发点牢骚是常有的事。尤其是年轻人,自制力比较弱,感情容易冲动,要想完全避免牢骚是比较困难的。因此,可采用缓和和疏导的办法,力求从积极的方面消除发牢骚的冲动。通过缓和和疏导,使自己放宽胸怀,开宽眼界,避免死钻牛角尖,放弃种种偏激之见。

(2)控制和消解。

任何不良情绪反应都是需要控制的,尤其是像牢骚这种东西有很强的指向性,如不加控制,不仅对自己不利,而且还可能殃及他人。控制的办法,首先是要充分认识发牢骚的危害性,不要图一时的痛快,而不顾一切后果地乱发一气。要懂得牢骚虽然人人会发,但靠发牢骚而解决问题的从来很少。为了消解因发牢骚而被激化的各种矛盾,发牢骚者、被发牢骚者双方都要积极主动地"从我做起"。

(3)转移和升华。

当自己遇到不愉快的人或事,怨气怒气即将涌上心头时,赶紧进行回避和转移,多想些使人高兴的事,避免消极情绪进一步恶化。不少人出于忧国忧民之心,对一些腐败的社会现象看不惯,往往容易表现出强烈的牢骚不满情绪。

心灵悄悄话
XIN LING QIAO QIAO HUA >>>

如果你不冲破外界因素的控制,或者总是认为外界因素在控制着你,你就不可能真正地享受生活,不可能有所作为。真正的生活并不意味着要消除生活中的所有问题,而意味着将外界控制转变为内在控制。

学会理智地进行抱怨

生活充满了矛盾,当然也难免会有不公。即使你掌握了克制自己的技巧,偶尔也会遇到内心有不平、不得不发点牢骚、抱怨几句的情况,否则,就很难得到内心的平衡。只是,我们要理智地进行抱怨,既表达了意见,又为自己留有回旋的余地。怎样才能做到这一点呢? 如下几点可供借鉴:

(1)不要见人就抱怨。

只对有办法解决问题的人抱怨,是最重要的原则。

向毫无裁定权的人抱怨,只有一个理由,就是为了发泄情绪。而这只能使你得到更多人的厌烦。直接去找你可能见到的最有影响力的工作人员,然后心平气和地与之讨论。假使这个方案仍不管用,就将抱怨的强度提高,向更高层次的人抱怨。

(2)抱怨的方式很重要。

尽可能以赞美的话语作为抱怨的开端。这样一方面能降低对方的敌意,同时更重要的是,你的赞美已经事先为对方设定了一个遵循的标准。听你抱怨的人也许与你想抱怨的事情并不相关,甚至不知道具体情况,所以如果你一开始就大发雷霆,只会激起对方敌对、自卫的反应。

(3)控制你的情绪。

如果你怒气冲冲地找到上司,表示你对他的安排或做法不满,很可能把他也给惹火了。所以,即使感到不公、不满、委屈,也应当尽量先使自己心平气和下来再说。也许你已积聚了许多不满的情绪,但不能在此时一股脑儿地抖搂出来,而应该就事论事地谈问题。假如过于情绪化,将无法

清晰透彻地说明你的理由，还会使得领导误以为，你是对他本人而不是对他的安排不满，如此你就应该另寻出路了。

（4）注意抱怨的场合。

美国的罗宾森教授曾说："人有时会很自然地改变自己的看法，但是如果有人当众说他错了，他会恼火，更加固执己见，甚至会全心全意地去维护自己的看法。不是那种看法本身多么珍贵，而是他的自尊心受到了威胁。"

抱怨时，要多利用非正式场合，少使用正式场合，尽量与上司和同事私下交谈，避免公开提意见和表示不满。这样做能给自己留有回旋余地，即使提出的意见出现失误，也不会有损自己在公众心目中的形象，还有利于维护上司和同事的尊严，不至于使别人陷入被动和难堪。

（5）选择好抱怨的时机。

当上司和同事正烦时，你去找他抱怨，岂不是给他烦中添烦、火上浇油？即使你的抱怨很正当很合理，别人也会对你反感、排斥。让同事听见你抱怨领导其实并不好。如果失误在上司，同事对此都不好表态，怎能安慰你呢？如果是你自己造成的，他们也不忍心再说你的不是。眼看你与上司的关系陷入僵局，一些同事为了避嫌，反而会疏远你，使你变得孤立起来。更不好的是，那些别有居心的人可能把你的话，经过添枝加叶后反映到上司那儿，加深你与上司之间的裂痕。

（6）提出解决问题的建议。

当你对领导和同事抱怨后，最好还能提出相应的建设性意见，来弱化对方可能产生的不愉快。当然，通常你所考虑的方法，领导也往往考虑到了。因此，如果你不能提供一个即刻奏效的办法，至少应提出一些对解决问题有参考价值的看法。这样，领导会真切地感受到你是在为他着想。

（7）最好对事不对人。

你可以抱怨，但你抱怨后，要让领导和同事切实感到，你被所抱怨的事伤害了，而不是要攻击或贬低对方。对于绝大多数人来讲，别人通过一些事实证明自己错了是件很尴尬的事情；让上司在下属面前承认自己错

了就更不容易。因此在抱怨后,你最好还能说些理解对方的话。切记,你抱怨的目的是帮助自己解决问题,而不是让别人对你抱有敌意。

(8)别耽误工作。

即使你受到了极大的委屈,也不可把这些情绪带到工作中来。很多人认为自己是对的,等上司给自己一个"说法"。正常工作被打断了,影响了工作的进度,其他同事对你产生不满,更高一层的上司也会对你形成坏印象,而上司更有理由说你是如何不对了。这样,你今后的处境会更为不妙。

心灵悄悄话
XIN LING QIAO QIAO HUA >>>

在抱怨的时候,要讲究分寸和技巧,做到有理、有力、有节,才能达到预期的效果,否则会事与愿违。

热情是一个人取得成功的品质

很多人认为是自己的能力不足拉开了同他人的距离，其实冷漠和热情不足才是主要原因。爱默生说：在人类历史上，每个伟大的决定性的时刻都是某种热情的胜利。

黑格尔说："没有热情，世界上没有一件伟大的事能完成。"美国的《管理世界》杂志曾进行过一项调查，他们采访了两组人，第一组是高水平的人事经理和高级管理人员，第二组是商业学校的毕业生。他们询问了这两组人，什么品质最能帮助一个人取得成功。两组人的共同回答是"热诚"。

一个推销员，虽然他只有有限的专业技术和不多的专业生产知识，但如果他有感人的热诚，那么，比起那些有良好的技术但缺乏热诚的人来，他的销售额肯定要多得多。

考虑一下你的现状：你对你的工作、你的目标，是否感到激动，是否有热情呢？

我们每个人都可以是生活的艺术家。活出热情的意义就是找出你爱做的事，然后全力以赴。不管你是否能得到金钱上的回报，你都坚持到底，这便是真实生活的最好方法。当你从事自己爱做的事时，自然会精力充沛、信心十足。每个人都在用自己的方式活出热情，有些人等着自然的召唤，有些人已经承担着"大任"，有些人没什么热情，只希望生活中有一两件刺激的事就够了；另一些人则喜欢无限的狂热激情，当他们完成一个目标时，觉得自己全身都被热情迸裂了。

就像快乐生活是多种方式的一样，活出自己的热情也可以从不同的

方法开始,发现自己的热情与兴趣所在,是你一生的工作。

无论你的目标是什么,你喜欢的事物会使你全神贯注。你的热情会如流水般扩散出去。当你全神贯注在自己的兴趣上时,你会忘记周围的一切,沉浸在幻境中。等工作完成时,你会感到心灵的宁静与安详。当你专注于工作时就像是在冥想一样,你忘了自己是谁,关于所做的事的创意四处涌来。

为什么不是每个人都能活出热情来呢?为什么许多人活在半梦半醒之中,总是埋怨生活无趣呢?这里有两个主要因素在作怪:一个因素是人们并不知道热情是非常重要的,另一个因素是人们不会因为热情而受到赞美和鼓励。结果许多人都不知道他们真正的热情所在。

在寻找自己的兴趣之前,我们首先需要知道发挥热情的重要性,否则就难以坚持到底。如果不培养自己的能力,你的生活就会充满挫折感,你永远也不会感到激动和欢乐。那些追寻自己的热情的人,是我们所身边最幸福、最成功的人,那么就从身边的小事开始慢慢改变冷漠的态度吧。

有人说,冷漠像沙漠,让沐浴着爱雨的人骤然间手足无措。一个人的冷漠心态,是一种不良性格特征的体现,它是导致其心理行为不健康,甚至心理障碍的因素。

个别人在生活中碰了几次钉子以后,便心灰意冷起来,自以为看破了"红尘",看透了人生,热情消失了,兴趣没有了,对一切表现得很漠然。这种冷漠心态对一个人的健康性格和良好心理的形成和发展,有着极大的危害,主要表现在以下几个方面:

首先,冷漠心态标志着一个人心灵的不健全。一个人如果对他周围的人或事都表现出了冷漠,那么,冷漠心态长期发展下去,就有可能转化为他的性格特征。冷漠的性格,对于一个人的健康发展十分有害。具有冷漠心态的人,由于对周围一切的人和事物都抱着漠视的冷淡态度,因而不能很好地和别人相处、沟通和合作,看不到生活的本质和真谛,看不到人的心灵深处高尚美好的东西。因此,跟随冷漠而来的,必将是内心深处的孤寂、凄凉和空虚。

其次，冷漠心态标志着一个人心灵上的麻木。一个人如果对他周围的人或事都表现出冷漠，那么，就好似一种心灵上的麻醉剂，会使他的心灵变得麻木。一个对什么都激不起热情和兴趣、对什么都冷漠的人，内心生活必定暮气沉沉，死水一潭。如果对周围的一切都采取漠然视之、麻木不仁的态度，那无疑是自己压抑自己，是一种可悲的自我摧残和自我埋葬。

最后，冷漠心态标志着一个人责任感的泯灭。一个人如果对他周围的人或事都表现出冷漠，那么，就会把自己从人与人之间互相依赖的密切联系中割裂开来，以超脱的"看透者"自居，以一种不以为然的、讥讽的、嘲笑的眼光看待一切。在他看来，自己和集体、和他人是不相干的，是没有义务和责任的，自己可以漠视他们、不关心他们。因此，除了自身利益以外，对一切都不看重，对一切都不感兴趣。这样一来，冷漠的心态成了一种可怕的毒素，它能使人变成对什么事情都不关心的庸人。冷漠态度的最终结果，只能把他塑造成为玩世不恭、消极混世的自怜者。

心理学家发现，冷漠有其深刻的心理成因。一般说来，当人们失去亲友、事业不顺或健康不佳时，会失去生活的动力和信心，这时，冷漠就可能产生。因为这些都是我们生命中的至爱，一旦失去会给我们带来不可估量的创伤，甚至让人觉得生命已无意义，这时还会有什么兴趣呢？尤其是年轻人，对生命、事业、朋友、爱情都有很高的希冀。殊不知，希望越高，一旦不能实现，失望也越大。所以，冷漠源于一种观念的狭隘和过高的成就动机。成就对每个人来说是不可缺少的心理动力。然而，过高的成就动机带来沉重的心理负荷，往往是心理疾病的根源。

实际上，冷漠的背后是爱的缺乏。改变冷漠不是要去干惊天动地的大事，而只是从身边的小事开始。具体应注意如下几点：

（1）要努力使自己的定位清楚。

性格开朗热情的人会经常评价自己的能力，很早就已经抱着"我要在职场闯出一番成就"的决心。他们知道，在职场上为自己定下什么样的目标，往往结果就会如何。例如，为自己定下"要在几年内成为女性主

管"的目标,并且有计划地去达成过程中必须完成的小目标,自然就有成功的机会。这样,在生活中就会减少挫折和怀才不遇的感觉。

(2)要勇于提出自己的要求。

千万不要以为,别人会很主动的注意你的需求,会替你设想,为你规划升迁之路。其实,一个部门中人数众多,主管很难顾及每个人的需求。如果你有很强的进取心,最好主动让主管知道。以免因感觉遭到冷遇,而熄灭对工作的热情之火。除了直接向主管反映你在工作上发展的期望,也有一些方式,可以让主管察觉你的进取心。例如,在开会时,有心计的人从早期就已经坐在"参与度高"的前排座位,并且积极发言、提出有建设性的想法。

(3)要敢于踊跃发言。

在职场,性格内向、沉默寡言的人的意见往往会被淹没,成为"没有声音的人"。为了激发自己的热情,让别人了解自己的能力,你应该坚信,自己绝对有发表意见的权利。在发言前要有所准备,有条理地陈述意见,并且言之有物,自然能表现出权威感,也较能在同事中被突显出来。

(4)要积极推销自己。

在职场上,自我行销是绝对有必要的。在众多同事中,如何让老板发现你的事业心和专业能力,需要一些主动的作为。为了培养和表现自己在工作中的热心,即使主管没有要求,也要定期向主管报告工作进度。另外,当其他同事习惯性地躲着老板时,你要主动与老板攀谈,给老板留下积极、正面的好印象。

(5)要学会边做边学。

热情不足的人往往容易退缩,对于未曾做过的工作,总是显得迟疑不前,也因此错过许多表现的机会。而进取心强的人,则不愿错过任何表现的机会。他们知道,对一件工作即使不是完全熟悉,还是可以边做边学的,而且要充满信心上场接受挑战。即使做错,也能得到宝贵的经验。例如,面对上司要给自己提供的升任主管的机会,充满热情、具有进取精神的人,不会以"我没当过主管"的理由而退却。

（6）欣然接受变化。

变是宇宙间最恒久不变的事。明白了不管我们喜欢不喜欢，没有一样东西会停留不前，只会随时光流逝，我们就必须敏锐地接受一切变化。假如我们学会欣然接受变化，从中寻求积极的因素，对眼前的种种难题和烦恼就能泰然处之，这样，就减少了挫折感及怨天尤人的想法。

心灵悄悄话
XIN LING QIAO QIAO HUA >>>

没有热情，就创造不出成绩。热情是一种可以使别人感觉愉快的美好情绪。在工作中，你不仅要爱自己的工作，更要爱自己的每一位同事。只要你能对周围的同事表示出无私而又真挚的爱，你的爱很快就会得到反馈，周围的同事一定会给你回报更多的热情和更大的爱心。一个抱有爱心的人，一个热情洋溢的人，在任何环境下都不用担心自己的前途。

在生活中积极散播自己的爱心

专家曾进行过一项调查,调查的地点在医院,其中一组调查是在医院的妇产科里进行的。

他们从那些新出生的婴儿里面随机选出了部分婴儿,然后再把这些婴儿分成两组。第一组每天一定要抱起来抚摸三次,每次十分钟;而第二组根本就不去抚摸。结果他们吃惊地发现,第一组体重增加的速度是第二组的两倍。

另外一组调查,也是在同一个医院里展开。他们选择的是那些危重病房中的患者。

他们调查了多位已经就要走到生命尽头的病人,看看他们在已经知道生命的最后一刻时,会向自己的家人嘱托些什么。

调查发现,大部分的人都会对自己的亲人要求,要好好地照顾其他亲人。他们根本就没有想自己要挣多少钱,也没有人在抱怨自己的前途,更加没有人再去想自己的房子和车子。人们在这个时候,唯一想到的,就是亲人们的爱。

最后,参与调查的人们总结道:人从刚刚来到这个世上,最需要的就是爱。可是许多人只有在即将离开这个世界时才意识到这一点。

人生最珍贵的,就是爱;最容易被我们所忽视的,也是爱。

25 年前,有位教社会学的大学教授,曾叫班上学生到巴尔的摩的贫民窟,调查 200 名男孩的成长背景和生活环境,并对他们未来的发展做一评估。每个学生的结论都是"他毫无出头的机会"。

25 年后，另一位教授发现了这份研究，他叫学生做后续调查，看昔日这些男孩今天是何状况。结果根据调查，除了有 20 名男孩搬离或过世，剩下的 180 名中有 176 名成就非凡，其中担任律师、医生或商人的比比皆是。

这位教授在惊讶之余，决定深入调查此事。他拜访了当年曾受评估的年轻人，跟他们请教同一个问题："你今日会成功的最大原因是什么？"结果他们都不约而同地回答："因为我遇到了一位好老师。"

这位老师目前仍健在，虽然年迈，但还是耳聪目明。教授找到她后，问她到底有何绝招，能让这些在贫民窟长大的孩子个个出人头地？

这位老太太眼中闪着慈祥的光芒，嘴角带着微笑回答道："其实也没什么，我爱这些孩子。"

显然，如果我们每个人都学会在生活中随处散播自己的爱心，多一分关爱给身边的人，给别人一个关怀的眼神，一句鼓励的话语，一个灿烂的微笑，一个温暖的拥抱，这世界将会变成美好的人间！

心灵悄悄话
XIN LING QIAO QIAO HUA >>>

只要对人生多一些理解，只要能够感受到爱，只要心中有爱，就是幸福的。而且，在生活中，爱能够创造很多奇迹。

精心选择生活中的交往对象

爱因斯坦说:"世间最美好的东西,莫过于有几个头脑和心地都很正直的朋友。"崇高的品德、高尚的情操总会给人以鼓舞、以心灵的震撼。正如日月精华之气滋生万物一样,崇高的精神滋润着人的心灵。

墨子在经过一家染坊时,看见工匠们将雪白的丝织品分别放进热气腾腾的染缸里,浸泡良久后取出,在晾晒时就变成不同颜色的织物了。工匠们工作得十分辛苦而认真。

墨子仔细地观察了染丝的全过程后,顿有所悟,不觉长叹一声,自言自语地说:"本来都是雪白的丝织品,而今放到青色颜料的染缸里浸泡后,就变成了青色;放到黄色颜料的染缸里浸泡后,就变成了黄色。所用的颜料不同,染出来的颜色也随之不同。如果我们将白丝先后放到五种不同颜色的染缸里各染一遍,它就会改变五次颜色了。这样看来,染丝的时候,人们就不能不谨慎从事啊!"

接着,墨子又从染丝的原理引申,进一步产生联想,从而深深地感到,其实在人世间,不仅是染丝与染缸的颜料有关,即使是一个人、一个国家,不也存在着一个会染上什么颜色的问题吗?

当我们身处五颜六色的社会大染缸之中时,一定要牢记"近朱者赤,近墨者黑"的真理,注意交往对象的选择,择善而从,以促使自己更健康地成长。

一位作家说:在现实生活中,你和谁在一起的确很重要,甚至能改变

你的成长轨迹,决定你的人生成败。和什么样的人在一起,就会有什么样的人生。和勤奋的人在一起,你不会懒惰;和积极的人在一起,你不会消沉;与智者同行,你会不同凡响;与高人为伍,你能登上巅峰。

心理学家认为:人是唯一能接受暗示的动物。积极的暗示,会对人的情绪和生理状态产生良好的影响,激发人的内在潜能,发挥人的超常水平,使人进取,催人奋进。远离消极的人吧!否则,他们会在不知不觉中偷走你的梦想,使你渐渐颓废,变得平庸。

生活中最不幸的是:由于你身边缺乏积极进取的人,缺少具有远见卓识的人,使你缺少了前进的动力和必要的鞭策,使你的人生变得平庸,黯然失色。

有句话说得好,你是谁并不重要,重要的是你和谁在一起。当你与适当的人结伴同行时,你通往峰顶的道路一定更为平坦。那么,在交往中我们要把握哪些基本原则呢?

(1)应尽可能结交优于自己的人,并朝这一目标而努力。

结交卓越的人士,便能见贤思齐;反之,若结交程度远逊于自己的朋友,自己难免同流合污。

当然,这里所谓的"卓越的人士",并非是指家世显赫、地位超绝的人,而是指有内涵、让世人所称道的人物。

"卓越的人士"大体上可区分为以下两大类型:一为立身于社会主导地位的人们,一是指那些有着特殊才华的人们,例如长袖善舞,对社会有着杰出的贡献、才能特出,或是学识渊博的学者、才华横溢的艺术家等等。此种杰出,绝非凭一个人的喜好所界定,而需经由社会上的认同方可获得。

多和优于自己的人交往,仔细去观察拥有不同人格、不同道德观的人们,不仅是件赏心悦目的乐事,更对你有所助益。

(2)保持判断力,不可不顾一切地全身心投入。

几乎所有的人都渴望能和才华横溢的人物成为知交。总认为假使自己也小有才气,那更是如鱼得水。即使达不到这一目的,也能满足自己与

其共荣的心理。然而，即使是和这些才气纵横、魅力十足的人物交往，也不可不顾一切地全身心投入。不丧失判断力，才是最适当的交往方法。

并不是每个人都能心悦诚服地接受才智这种东西。相反，它往往会令人产生恐惧的心理。一般说来，在众目睽睽之下，人们每每对锋锐的才智感到惧怕。但是，认识这些人，继而亲近、了解这些人，确实是件有意义、令人欢欣的事。只是，不论对方多么有魅力，如果自己就此终止和其他人的交往，单和这群人往来，那将会得不偿失。因此，和与自己程度差不多的人交往也是必不可少的。

（3）别亲近赞扬缺点过多的人们。

一位著名的成功人士教导他的儿子："我之所以要求你避免与程度低的人交往，乃是由于我觉得这些全是必须具备的观念。因为，我看过太多具有判断力，而且社会地位牢固的大人们，在结识了这种人后，信用扫地，沉沦堕落，最后身败名裂。"

最叫人头痛的问题，莫过于虚荣心的作祟。由于虚荣心的蒙蔽，人类往往铤而走险、作奸犯科。因此，无论从何种角度来看，结交程度不如自己的朋友，便是虚荣心作祟的一种表现。

为了求取这种名实不符的赞扬，他们甚至不惜与不如自己的人们结交。如此将导致什么结果呢？是的，不久你就将变得与他们的层次相当，从此再也不愿结交出色的朋友了。人们往往会遭伙伴同化，不管这样做是使自己的层次提高了，或是降低了，其结果必然一样。你应该依交往的对象，仔细加以判断，果断地疏远那些不值得交往的人。

《世说新语》中载：管宁和华歆一起在菜园中锄草，看到一块金子，管宁照旧挥动锄头，把金子看成同瓦石没有两样，华歆却拾起金子欣赏半天。他们又曾经同坐在一张席子上读书，有个坐着车子、戴着礼帽的显贵人物从门口经过。管宁照旧读书不误，华歆却放下书本，走出去观望。管宁就割断席子，将座位分开，对华歆说："你不是我的朋友。"

管宁是深知朋友与义的，此所谓"道不同，不相与谋"。断绝与朋友的交往是一件十分痛苦的事情，可是对于某些人来说，藕断丝连必受其害，当断不断必遭其乱。当你通过交往，对这一实际情况有一个清晰的把握之后，就应该长痛不如短痛，收起你的菩萨心肠，在友情的大道上来一个急刹车。为了更好地发展自己，应尽量断绝与下列朋友的往来，以珍惜自己的时间、精力和金钱，去和更值得的人去交往。

（1）靠不住的朋友应断交。

交朋友时应注意两相情愿，不要强求。朋友的类型有多种，但友情是互相的，即你的付出应有相应的回报，朋友之间应互爱互重，互谅互信。

有些朋友在短期内似乎与你关系不错，但时间一长便发现他靠不住，在这种情况下应当机立断，与之断交。

（2）志不同道不合的要分手。

真正的朋友，需有共同的理想和抱负，共同的奋斗目标，这是两人结交的基础。如果两人在这些方面相差极大，志不同、道不合，是很难有相同话题的，人的兴趣也必然不同，这样两人在交往时只能互相容忍，无法互相欣赏，因此容易产生诸多不必要的摩擦。主动疏远这样的朋友，是明智之举。

（3）要疏远那些"俗友"。

朋友之间的谈话多涉及兴趣、爱好、志向及对某一事的看法。如果朋友只跟你谈物质利益，谈钱，则可将之归于"俗友"之列。"俗友"对你虽无大害，但长期交往下去，一则浪费你的时间，二则难免使你变"俗"，因此不宜深交。况且这种"俗友"一般很现实，当你处于危难之时，他不会对你伸出援救之手支持你、帮助你。对于这种朋友，平时不必投入太多的时间和情感。

（4）极端自私的人不能交。

亲情、爱情都是人之常情，如果一个人的行为显示出他在人之常情中处事的态度十分恶劣，那么这种人是不能交往的。这种人往往极端自私，为达目的不择手段，并惯于过河拆桥、落井下石，因此这种人不可交。

（5）势利小人不宜交。

如果某人是非常势利、见利忘义的那种小人，这种人不适合作为朋友交往。

势利小人的一个通病是：在你得势时，他锦上添花；当你失势时，他落井下石。他不懂得什么是真诚，他只知道什么是权势和利益。因此，这种人不能交往。

（6）酒肉朋友不可交。

酒肉朋友当你能给他实惠，他们看上去与你的感情很好，但当你真正需要他们帮助时，他们会一点表示都没有。

例如，有一位老师，同办公室的几位老师非常要好，经常一起喝酒。当他们酒后针砭学校的不是时，每个人都发了许多牢骚，而后来他们发的牢骚被校长得知，要处分这位老师时，其他几位同事竟没有一个仗义执言，令这位老师十分伤心。

（7）两面三刀的人不能交。

有的人惯于表面一套，背后一套。对这样的人应该小心对待，更别说跟他交朋友了。

《红楼梦》里的王熙凤，被人称为"明里一盆火，暗里一把刀"，表面上对尤二姐客套亲切，背地里却置之于死地。与这样的人交往时，应多注意他周围的人对他的反映，与这样的人在短期交往中很难发现这种性格特征，但接触时间长了便会清楚明白了。这种两面派是千万不能结交为朋友的，不然他会令你大吃苦头。

心灵悄悄话
XIN LING QIAO QIAO HUA >>>

交朋友其实是对生活的一种选择，选择什么样的朋友，常常预示着选择什么样的人生道路。当发现自己的朋友不适合自己的时候，就要果断地断绝来注。

适合你的人绝不是唯一的

在选择对象的时候，的确要考虑多种因素。要丢掉罗曼蒂克式的幻想，追求现实的生活。恋爱应该有理智，不应该单凭情感，这是许多过来人的经验之谈。只有经过慎重选择后的结婚，才可能是美满的；否则，就算勉强结合了，到头来也可能落得一个离婚的下场。一位作家指出，有成千上万的异性，可以成为我们的爱人。不要相信唯一。没有唯一。唯一是骗人的。你往周围看看，什么是唯一？太阳吗？宇宙中有无数个太阳，比它大的，比它亮的，恒河沙数。钻石吗？也许有一天我们会飞到一颗钻石组成的星球，连旱冰场都是钻石铺的。那种清澈透明的石块，原子结构很简单，更容易复制了。指纹吗？指纹也有相同的，虽说从理论上讲，几十亿上百亿人当中，才有这种可能性。好在我们找对象不是找罪犯，不必如此精确。世上的很多事情，过度精确，必然有害。伴侣基本是一个模糊数学问题，不必定下过于死板苛刻的条件。

在婚恋的问题上，有一句名言很害人，叫作：每一片绿叶都不相同。当然，在科学家的电子显微镜下，叶子间会有大区别，楚河汉界。但在一般人眼中，它们的确很相似。非要把基本相同的事物，看得大不相同，是神经过敏故弄玄虚。在森林里，如果戴上显微镜片，去看高大的乔木，除了满眼惨绿，头晕目眩，无法掌握树林的全貌。只得无功而返，也许还会迷失方向，连回家的路都找不到了。

婚姻是一般人的普通问题，不要人为地把它搞复杂。适合作你终身伴侣的人，绝非只有一个。我们不单单是一个人，更是一种类型。科学早就证明，洋葱和胡萝卜脾气相投，一定会成为好朋友。大豆和蓖麻天生和

平共处。玫瑰花和百合种在一处，彼此都花朵繁茂，枝叶青翠。但甘蓝和芹菜相克，彼此势不两立，丁香和水仙花更是水火不相容。郁金香干脆会致毋忘草于死地……如果你是玫瑰，只要清醒地坚定地寻找到百合种属中的一朵，你就基本获得了幸福。

当然了，某一类人的绝对数目虽然不少，但地球很大，人又都在走来走去，我们能否在特定的时辰，寻找到特定的适宜伴侣，也并不是太乐观的事。

相信唯一，你就注定要在茫茫人海东跌西撞寻寻觅觅，如同一叶扁舟想捕获一条不知潜在何处的鳟鱼，等待你的是无数焦渴的黎明和失眠的月夜。

一位作家曾写道，抱着拥有唯一的愿望不放，常常使女人生出组装男友和丈夫的念头。相貌是非常重要的筹码，自然列在前茅。再加上这一个学历高，那个家庭好，另一个脾气柔雅，还一个事业有成……女人恨不能将男人分解，剩下各自最优异的部分，由女人纤纤素手用以上零件，粘合成一个完美的新男人，该是多么美妙！

只可惜宇宙浩茫，到哪里寻找这胶水！

这种表面美好的幻想核心，是一团虚妄的灰雾在作祟。婚姻中自然天成的唯一佳侣，几乎是不存在的。许多婚礼上，我们以为天造地设的婚姻，夭折得如同闪电。真正的金婚银婚，多是历久弥新的磨合与默契。

聪明的人，千万不要把一生的幸福，寄托在婚前对伴侣千锤百炼的挑拣中，以为第一次选择就是一切。对了就万事大吉，错了就一败涂地。选择只是一次决定的机会，当然，对了比错了好。但正确的选择只是良好的开端，即使航向对头，我们依然还会遭遇风暴。选择错了，不过是输了第一局。开局不利，当然令人懊恼，然而赛季还长，你可整装待发，重新作出选择。

不要相信唯一。世上没有唯一的行当，只要勤劳敬业，有千千万万的职业适宜我们经营。世上没有唯一的恩人，只要善待他人，就有温暖的手在危难时接应。世上没有唯一的机遇，只要做好准备，希望就会顽强地闪

光。世上没有唯一可以成为你的妻子或丈夫的人，只要有自知之明，找到相宜你的类型，天长日久真诚相爱，就会体验相伴的幸福。

世上有多少婚姻的苦难，是因追求缥缈的"唯一"而发生啊！对我们普通的男人和女人来说，抵制唯一，也许是通往快乐的小径。

心灵悄悄话
XIN LING QIAO QIAO HUA >>>

选择与高尚的人为伍，你也会逐渐提升自我的人生品位。为了更好地发展自我，获得更优秀的发展环境，一定要对朋友认真甄别和筛选，放弃不适合自己的朋友。当你与适当的人结伴同行时，你通往峰顶的道路一定更为平坦。

对待爱情要拿得起，也要放得下

人的一生中，什么都要经历点才算完整的人生，失去的爱也是其中之一。

恋爱是一种感觉，相爱的人，谁也不敢保证能让这种感觉停留多久。停留的时间，决定了爱情的保质期。一旦感觉没有了，爱情的保质期也就过了，所有的山盟海誓，保质期一过都会自动失效。一个对你已经没有感觉的人，是很难回过头来继续爱你的。

强行留住宣告死亡的爱情，是极不明智的行为。至于对提出分手者施以报复，那就更是愚蠢之至了。对方不爱你了，你就是杀了他，他也不可能再爱你了。你的报复只能证明一点，离开你，是他无比正确的选择。结果，你又因失恋而失去了做人的尊严。

经历过失恋的人都知道，那确实是一种撕心裂肺的疼痛。但只要把爱理解得更透彻一点，疼痛就会减轻许多。

当一段感情走到尽头，当爱已成往事，就要勇敢道别。

对待爱情要像对待一个很珍贵的东西，拿得起，也要放得下，而且放下后会有种如释重负的感觉。也许，某人一度是你生命中最重要的人，但许多年以后，你还这样想吗？

一个热爱弹琴的女孩无论多么刻苦地练习，可给人感觉总是欠了点什么。后来她失恋了，万念俱灰。她独自一人，把她和男孩一起去过的地方又走了一遍。回来后，就把自己关在房间里，拼命地练琴。一天练琴的时候，被她的老师听见了。老师高兴地说："你的琴声里终于有感情了！"

她当时也没想到什么获奖，就是想把自己内心的感受和认识表达出来。录下来重新听的时候，其完美程度连她自己都不相信是自己弹的。

于是，老师带着女孩第三次参加钢琴比赛，前两次都失败而归，当时她很不服气，觉得自己弹琴的技巧并不比别人差，是裁判太偏袒。直到第三次获奖了，她才明白。原来选手之间的技巧相差并不是很多。而是那时候她还没有失恋，没有经历过那种彻骨的痛，琴声中没有融进自己的感情。经历了感情波折的她深有感触："我最应该感谢的人是他。如果他不离开我，我就不会体验那样的感情痛苦，不可能领悟到弹琴的更高境界。"

幼年丧父、青年失恋、老年丧子是人生的三大悲剧，可见失恋对人的打击之重。很多人分手后，还在日夜牵挂着对方；有的人心理不平衡，我不和你在一起，谁也别想好好过；有的人从此一蹶不振，觉得生活了然无味；还有的人干脆走上了犯罪的道路。与其这样，不如采取更明智的做法，化痛苦为力量。不妨学学香港某知名主持人。她失恋后发奋学英语，"坏事"变"好事"，促进了她后来事业的成功。即便不能在事业上发奋，也要学会转移注意力。比如多结交一些朋友，跟朋友倾诉出来，会减轻自己的痛苦。

心灵悄悄话
XIN LING QIAO QIAO HUA >>>

一位作家说得好，恋爱就是两个人拔河，只要一方放手，另一方必然摔倒、受伤。所以，在"拔河"开始的时候，双方都应该想一想，万一对方突然放手，自己应该怎么办；不得已放手的一方，则在放手之前，尽量设法保护对方，让对方尽可能摔得轻一点、伤得轻一点。

用积极的意念鼓励自己

一位成功学大师指出：生活中，失败平庸者多，主要是心态观念有问题。遇到困难时，他们只是挑选容易的倒退之路。"我不行了，我还是退缩吧。"结果，陷入失败的深渊。成功者遇到困难，仍然怀有积极的心态。他们用"我要！我能""一定有办法"等积极的意念鼓励自己，于是，便能想尽办法，不断前进，直至成功。

美国亿万富翁、工业家安德鲁·卡内基说过："一个对自己的内心有完全支配能力的人，对他自己有权获得的任何其他东西，也会有支配能力。"如果我们能够以积极的心态去面对每一项工作，就可以让自己的心灵引擎产生无穷的能量，继而推动自己的进取心和创新意识。这样，即使在平凡的工作岗位上工作，也会创造出不平凡的业绩。

巴勒教授曾在一家诊所里做过这样的试验：他对一组处于催眠状态下的人进行诱导，让他们认为自己没有任何天赋，以至于在生活中失败了。然后，他对这些人进行了为期14天的临床观察和检验，从中得出的结论是——这些人有可能会患上当今时代很多类型的身心疾病。14天以后，他又对这些人进行催眠诱导，让他们认为自己很有天赋、具有远大的目标，并且完全有可能实现这些目标。这样一来，他们的临床现象马上就有了改变。他们变得很有生气、精神焕发，步态和举止都发生了变化，血压也很稳定，身心方面的疾病也全都消失了。

这项试验很清楚地说明了，一个人对自己和未来持有一种积极的态度和看法是多么的重要，而消极的态度对我们的生活将产生多么可怕的影响。

许多人经常以为，一个人的成就深受环境影响，有什么样的遭遇，就有什么样的人生。这实在是再荒谬不过了。影响我们人生的，绝不是环境，也绝不是机遇，而得看我们对这一切抱有什么样的信念。

有两位年届70岁的老太太，对于未来也因为不同的信念而有了不同的人生。一位认为，到了这个年纪可算是人生的尽头，于是，便开始料理后事。然而，另一位却认为，一个人能做什么事不在于年龄的大小，而在于有什么样的想法。于是，她给自己定下了一个更高期望，在70岁高龄之际开始学习登山。在随后的25年里，她一直冒险攀登高山，其中几座还是世界上有名的。后来，她以95岁的高龄登上了日本的富士山，打破攀登此山年龄最高的纪录。

由上述例子可见，不是环境也不是机遇遭遇能够决定个人的一生，而得看他对于这一切赋予什么样的意义——也就是说，他有什么样的认知，这不仅会决定他的现在，也决定他的未来。人生到底是以喜剧收场还是以悲剧落幕，是丰富的还是无声无息地，就全在于这个人到底抱着什么样的信念。

有学者指出，所有积极和消极的习惯，都是后天培养出来的。既然是后天培养出来的，就一定可以变。凡事为什么不多往积极面去想呢？

想想你见过的成功和幸运的人士，一定都是积极思考者。

当他们遇到问题的时候，会问自己：从这个问题当中可以学到什么；当他们遇到挑战的时候，他们相信自己一定能突破；当他们遇到困难的时候，他们告诉自己，人生就像季节更替一样，问题一定会过去。

他们总是抱持着对未来的期望，要想就要往好处想，只要采取适当的策略，一定打破消极的念头。

亚伯拉罕·林肯曾说过一个非常动人的故事。有个铁匠把一根长长的铁条插进炭火中烧得通红，然后放在铁砧上敲打，希望把它打成一把锋

利的剑。但打成之后,他觉得很不满意,又把剑送进炭火中烧得透红,取出后再打扁一点,希望它能做种花的工具,但结果也不如他意。就这样,他反复把铁条打造各种工具,却全都失败了。最后,他从炭火中拿出火红的铁条,茫茫然不知如何处理。在无计可施的情形下,他把铁条插入水桶中,在一阵嘶嘶声响后说:"唉!起码我也能用这根铁条弄出嘶嘶的声音。"

如果我们都有故事中铁匠的心胸,还有什么失败和挫折能够伤害我们呢?

安徒生有一则名为《老头子总是不会错》的童话,讲述的是这样一个故事:

乡村有一对清贫的老夫妇。有一天他们想把家中唯一值点钱的马拉到市场上去换点更有用的东西。老头牵着马去赶集了,他先与人换得一头母牛,又用母牛去换了一只羊,再用羊换来一只肥鹅,又把鹅换了母鸡,最后用母鸡换了别人的一大袋烂苹果。

在每次交换中,他都想给老伴一个惊喜。

当他扛着大袋子来到一家小酒店歇息时,遇上两个英国人。闲聊中他谈了自己赶集的经过,两个英国人听得哈哈大笑,说他回去准得挨老婆子一顿揍。老头子坚称绝对不会,英国人就用一袋金币打赌,三人一起回到老头子家中。

老太婆见老头子回来了,非常高兴,她兴奋地听着老头子讲赶集的经过。每听老头子讲到用一种东西换了另一种东西时,她都充满了对老头的钦佩。

她嘴里不时地说着:"哦,我们有牛奶了!"

"羊奶也同样好喝。"

"哦,鹅毛多漂亮!"

"哦,我们有鸡蛋吃了!"

最后听到老头子背回一袋已经开始腐烂的苹果时，她同样不愠不恼，大声说："我们今晚就可以吃到苹果馅饼了！"

结果，英国人输掉了一袋金币。

从这个故事中我们可以领悟到：不要为失去的一匹马而惋惜或埋怨生活，既然有一袋烂苹果，就做一些苹果馅饼好了，这样生活才能妙趣横生、和美幸福，而且，你还可能获得意外的收获。

当你在失望的时候，是怎么做的？爱德加·伯根的方法值得借鉴。

有一天他到邮局去邮购一本摄影的书，从此他满怀希望，天天等着邮递员上门来。最后，邮递员总算送来他的包裹。爱德加打开包裹，满腔欢喜却像是被人当头泼了一盆冷水，原来包裹里面装的不是他订的摄影书籍，却是一本关于腹语术的书。

爱德加马上又把书包起来，准备寄回去，可是转念一想，既然这本书就在手上，何不看看再说呢？你也许猜得到结局如何了。爱德加后来变成知名的腹语专家，他创造了许多可爱的角色，他的演出广受世人的欣赏。

我们从爱德加·伯根的故事中可以领悟出：凡事总会有电好的一面，只要你运用得当，坏事也可以变成好事。

聪明的人知道，每一个问题之中都藏着解决的方法，只要你真正拿出行动，用积极的心态去面对，事情就终有解决的时候。心理学家指出，不管情绪有多痛苦，如果你学会了按照下述六个步骤去做，就可以很快地打破消极的念头，进而找出脱困的方法。

（1）确认你真正的感受。

人们并不经常确切地知道自己真正的感受，只是一头栽进那些负面情绪里，承受不当的痛苦折磨。其实他们并不需要这么苦待自己，只要稍微往后退一步，问问自己这句话："此刻我是什么样的感受？"如果你感觉

到的是愤怒,那么再问问自己:"我真是觉得愤怒吗?抑或是其他?也许我真正的感受只是觉得自尊心受了伤害,或者觉得自己损失了些什么。"当你明白了真正的感受只是受伤或者受损失,那么它对你的影响就不如愤怒来得强烈。只要你肯花点时间去确认真正的感受,随之针对情绪提一些问题,那么就能降低所感受的情绪强度,以客观且较理性的态度处理问题,自然就能更快且更顺手了。

比如说,如果你觉得自己不为别人所接纳,那么就这么提问自己:"到底我是被人完全拒绝,还是有条件的拒绝?我是真被拒绝了呢,还是只有些怅然?对这样的拒绝,我是否真的那么不舒服?请不要忘了转换词汇的神奇魔力,它可以很快地降低我们情绪的强度,再加上如果你真能确认自己的感受,那么从情绪中必然可以很快地学习到不少东西。

(2)肯定情绪的功效,认清它所能给你的帮助。

绝对不可"扭曲"情绪的积极功能。任何事物若是被我们"预设了立场",那么我们就无法看出它的真貌,而别人善意的建议也无从接受了。幸好我们的脑子并不是那么愚顽不灵,当有时候我们那一套行不通时,它就会提供正面的建议,告诉我们有些地方必须改变,可能是认知,也可能是行动。如果我们依赖情绪,就算是对它并不完全了解,也应该明白,它具有帮助我们的功能,从而我们就可走进内心的煎熬,很容易找出问题的解决之道。如果一味地压抑情绪,企图减轻它对我们的影响,那不但没用,还可能会适得其反。因此,对于一切你所认为的"负面情绪"都该重新检讨,给它们重新定位,日后当你再遇上相同的情况,那些情绪不但不再困扰你,还能带你走进另一片天空。

(3)好好注意情绪所带来的信息。

当你为某种情绪所困时,要想把它摆脱掉的最有效的办法,就是重新认识情绪的真义,以积极的态度去解决问题,让它未来不再发生。

日后当你有某种情绪的反应时,要带着探究的心理,去看看那种情绪真正带给你的是什么。此刻你到底得怎么做才能使情绪好转?如果你觉得孤单,不妨问问自己:"我是不是真的孤单?抑或是自己曲解了,事实

上我的周围有不少朋友？如果我能让他们知道我要去看他们，他们是否也会很乐意来看我呢？这种孤单的感觉是否提醒我该拿出行动，多跟朋友联系呢？"

在日常生活中，可以运用下面四个问题，来帮助自己改变情绪：

"到底我想怎么样？"

"如果我不想这么继续下去，那得怎么做呢？"

"对于目前这个状况我得如何处理才好？"

"我能从其中学到些什么？"

只要你对情绪有真正的认识，那么就必然能从其中学到很多重要的东西，不仅在今天能帮助你，在未来也是这样。

（4）要有自信。

你对自己要有信心，确信情绪是能够随时掌控的。掌控情绪最迅速、最简单且最有效的方法，就是记取过去曾经有过的经验，然后针对目前的状况，拟出可以让你成功掌控情绪的策略。由于过去你曾面对并处理过这种情绪，而现在对情绪又有了新的认识，相信这可以帮助你拟定策略。

如果你现在正处于某种情绪，那么请你停下来回想一下过去类似的情绪经验，当时是怎么解决的？有没有改变自己的焦点？有没有对自己提某种问题？你有什么样的感受？你有没有采取新的行动？你应该怎样拿来作为这一次的参考？只要你决定按照上次成功的模式去做，带着信心，那么这一次依然会如上一次那样有效。

如果你目前觉得沮丧，而这种情绪以前也曾有过，但当时顺利地消除了，那么可以这么提问自己："当时我是怎么做到的？是不是你拿出了什么新的行动？是出去跑了一趟呢，还是打电话找朋友吐诉了一番？"如果那一次的方法有效，那么这一次你仍可以重来一遍，你将会发现这次的结果大致不差。

（5）要确信你不但今天能控制情绪，将来也同样能控制。

要想未来依然能够很容易地掌控情绪，你必须对自己目前的做法有充分的信心才行，因为那在过去你已经使用过，并且证明确实有效，如今

你只要重新拿出来使用即可。你要全心全意地去回想、去感受当时的情景,让怎样顺利处理的经过深印在你的神经系统中。

此外,你要再想出其他三四种可能的处理方法,把它们写在小纸片上,以便不时提醒你自己。这些可能的处理方法包括:改变你的认知、改变你的沟通方式或改变你的行动等。

(6)要以振奋的心情拿出行动。

之所以振奋,是因为知道自己可以很容易地掌控情绪;而拿出行动,是为了证明自己确有能力掌控,可千万别让自己陷于使不出力的情绪状态之中。

上述六个步骤很多人在一开始运用时可能会有点困难。不过就像学习任何新的事物一样,只要你不时地练习,就会越来越顺手。很快地,过去你认为是情绪的"地雷区",如今便仿佛拥有了探测器,走起来内心觉得十分笃定,每一步都那么有把握。

心灵悄悄话
XIN LING QIAO QIAO HUA >>>

不同的信念、不同的心境,会影响人的言行举止以及客观的环境。既然思想观念深刻影响着主观行动与客观环境,那么,不论遭遇任何困难,都应该以光明乐观的心态去面对,才能激发迎向成功的动力。

积极的思想带来积极的结果

一位西方著名的成功学大师指出：如果你能改变你的思想，从悲观走向乐观，你便可以使你的一生发生改观。你是否觉得一杯茶是装着一半，而不是空着一半？你是否把你的视线落在油炸面包圈的圈上，而不是落在中心的圆洞里？由于研究人员对积极思想所产生的力量进行了努力研究，这些陈旧的话题，现在已经成为科学性的问题了。

悲观是一种不易更改的习性——但这不是绝对的。在一系列使人关注的研究中，美国伊利诺伊大学的卡罗尔·德维克医生曾为一些小学低年级的儿童工作了一段时间，由于她帮助学习成绩不好的学生改变了他们对自己的看法——从"我是个笨蛋"，改为"我没有用功读书"。结果，这些学生的学年考试成绩都有了长进。

如果你是一个悲观主义者，就要努力使自己变得乐观起来。按下面的方法去做，你就能改变：

首先，在不如意的事情发生时，请细致地注意你自己的思想，把最先出现在头脑里的想法，不加修饰也不增删地写下来。

接着，做一个试验。做一件与消极反应相对立的事。例如，当工作出了差错，你是否心里想："我恨我的工作，但我永远不可能找到一个更好的工作。"你应该努力做出与此想法相反的行动。寄出去几份履历表，去参加面试，去找招聘的消息。

最后，要注意事态的发展。你最初的想法是正确的还是错误的？如果你的想法使你退缩，那就改变它。这种办法虽不一定奏效，却能给你提供一个机会。

积极的思想能带来积极的行动和反应,因为只要积极行动起来,困难和痛苦是可以战胜的。

人世间的贫穷、疾病、残疾、人际关系、失业、破产,等等,举不胜举。

一个人在痛苦挣扎时,往往缺乏冷静,所以,很容易忽视周围的一切,只认为全世界就自己是个"倒霉蛋",自己一个人挣扎在痛苦中。但是,实际上,不管你目前正因为什么而痛苦,和你拥有同样痛苦并且挣扎在痛苦中的人,社会上有的是。

一位残疾儿的母亲说道:"在出席残疾儿大会之前,我一直认为人世间就我一个人背负着这样的不幸。但是,参加会议时,询问其他人后,才知道,大家背负着比我更大的痛苦,比我更烦恼。我还曾经想过和孩子一起死掉算了。现在看来,真是太惭愧了!"

一个人的苦恼,从表面上是看不出来的。有些人一眼看去似乎陶醉在幸福里,而实际上却深埋着许许多多的不幸。

俗话说,人人有本难念的经,只是你不知他人痛。在痛苦时,你要想到还有比自己更为痛苦的人。例如:看看报纸或杂志上的生活顾问栏,听听广播里的人间指南节目,你会发现,还有人比你更为痛苦。

另外,读一些传记,了解历史上伟大人物们的苦恼,也是有好处的。例如,身负三重痛苦的海伦·凯勒和美国的林肯总统的传记,等等。读了后,你会觉得自己的痛苦没有达到那一步,于是你的痛苦会随之减轻。

有一天,某个农夫的一头驴子,不小心掉进一口枯井里。农夫绞尽脑汁想办法救出驴子,但几个小时过去了,驴子还在井里痛苦地哀号着。

最后,这位农夫决定放弃,他想这头驴子年纪大了,不值得大费周章去把它救出来,不过无论如何,这口井还是得填起来。于是农夫便请来左邻右舍帮忙一起将井中的驴子埋了,以免除它的痛苦。

农夫的邻居们人手一把铲子,开始将泥土铲进枯井中。当这头驴子了解到自己的处境时,刚开始哭得很凄惨。但出人意料的是,一会儿之后这头驴子就安静下来了。农夫好奇地探头往井底一看,出现在眼前的景

象令他大吃一惊：当铲进井里的泥土落在驴子的背部时，驴子的反应令人称奇——它将泥土抖落在一旁，然后站到铲进的泥土堆上面！

就这样，驴子将大家铲倒在它身上的泥土全数抖落在井底，然后再站上去。很快地，这只驴子便得意地上升到井口，然后在众人惊讶的表情中快步地跑开了！

温馨提示：就如驴子的情况，在生命的旅程中，有时候我们难免会陷入"枯井"里，会被各式各样的"泥沙"倾倒在我们身上，而想要从这些"枯井"脱困的秘诀就是：将"泥沙"抖落掉，然后站到上面去！

人生必须渡过逆流才能走向更高的层次，最重要的是永远看得起自己，有信心，用智慧去战胜困难和痛苦。

其实对付痛苦最有效的手段，就是用好的情绪去健全自己的心灵。当你为痛苦的情绪所困时，可参考如下建议：

（1）要懂得，最重要的是今天的心。

何必为痛苦的悔恨而失去现在的心情？何必为莫名的忧虑而惶惶不可终日？过去的已经一去不复返了，再怎么悔恨，也是无济于事；未来的还是可望而不可即，再怎么忧虑，也是会空悲伤的；今天心，今日事和现在人，却是实实在在的，感觉也是美好的。当然，过去的经验要总结，未来的风险要预防，这才是聪明的。

（2）自己的心痛只能自己疗。

何必为痛苦的悔恨而失去现在的心情呢？偶尔抱怨发泄一下，是可以的。但是，无休止地抱怨只会增添烦恼，只能向别人显示自己的无能。抱怨是一种致命的消极心态，一旦自己的抱怨成为恶习，那么人生就会暗无天日，不仅自己好心情全无，而且会影响周围人的情绪。抱怨没有好处，也没有意义，努力战胜痛苦才是明智的。

（3）别总是自己跟自己过不去。

学会自己欣赏自己，等于拥有了获取快乐的金钥匙。欣赏自己不是孤芳自赏，欣赏自己不是唯我独尊，欣赏自己不是自我陶醉，欣赏自己更

不是故步自封……为了战胜痛苦，自己给自己一些自信，自己给自己一点愉快，自己给自己一脸微笑，如此，何愁没有人生的快乐呢？

（4）木已成舟便要顺其自然。

生米已经煮成熟饭，再去悔恨以前的行为，一点益处都没有。唯一明智的办法是，如何妥善处理后面的事情，别让事情弄得更糟糕。泼出去的水是收不回来的，已刻成舟的木头是无法恢复原状的。知道了这些简单的道理，就能心平气和地处理遗留问题，将痛苦和悔恨抛在脑后。

心灵悄悄话

XIN LING QIAO QIAO HUA >>>

在生命当中，阳光心态可奉为一种艺术。这种艺术就是要锻造靓丽多彩的事情，培植豁达乐观的好心情。乐观者在一个灾难中看到一个希望，悲观者在一个希望中看到一个灾难。正所谓："内心愁苦命运也将愁苦，心态决定命运。"放弃悲观，你才能够向幸福健康和事业顺利的方向大步迈进。

看轻自我，成就未来

法国著名作家罗曼·罗兰曾经说过，能够看到自己渺小的人，才能成就自己的伟大。一个人正视自己非常重要，但是同时不要太把自己当回事。如果你太看重自己，把自己看得太有水平、太有能力，往往好高骛远，眼高手低，其结果什么事情都做不了。

人要自尊、自重，但不能自大、自狂。自以为是、骄傲自大是阻碍一个人进步的最大障碍。而通常有些自以为是的人、太把自己当回事的人，他们的命运真的是应了那句老话：心比天高，命比纸薄。"心比天高"是因为这种人把自己看得过高了，认为自己什么都行，什么都比别人强；工作中该做的都做了，还比别人做得好，提干该有我，涨工资有份，评先进跑不了。"命比纸薄"是结果：什么也没有捞到。因此，牢骚满腹，怨声不绝。

善于看轻自我，其实是一种高明的人生策略，它需要豁达的胸怀和冷静的思考。善于看轻自我的人，懂得自己只是芸芸众生中的一分子，懂得脚踏实地从基本的事情做起，不会自高自大，不会自命不凡，不会好高骛远。

看轻自我，就是以一种平和的心态面对人生，不以物喜，不以己悲，不为凡尘中的各种搅扰、牵扯、烦恼所左右。一个自高自大的人，往往看不到别人的优秀；一个愤世嫉俗的人，自然领悟不到世界的精彩。一个人富有了，却还不忘看轻自我，他将不会自傲和奢侈；一个人身居高位，仍能看轻自我，他将不会专横和贪婪。

其实，不把自己太当回事，过一种坦诚而平淡的生活，并不会有人把你看成卑微、怯懦和无能的。如果过分地显露自己，看重自己，就有可能

像那只青蛙一样，不自量力，从天空中掉了下来。

能够看轻自我，是一种风度、一种修养。一个人要想以清醒的心智和从容的心态愉悦地走过人生，就必须看轻自我。只有把自我看轻些，才会不断否定自我，才能不断加强自身修养，不断地充实、完善自己，缔造完美的人生。

善于看轻自我，就是能看到自己身上的缺点和不足，然后付诸行动，不断克服自己的弱点，不断丰富自己的学识修养和阅历，使自己的人生得以升华。在这个世界上，每个人或许都有许多值得自诩的地方，但如果骄傲自大，不仅会令人生厌，而且可能会自毁前程。而看轻自我才是一种大智慧，它并不是怯懦，也不是自卑，它是进取中的放低姿态。要知道昂首挺胸是跑不快的，只有放低姿态才能跑得快，也能跑得远。

许多人都认为，自己是块金子，会永远发光闪亮。其实，每个人不一定都会成为金子，不一定走到哪里都发光；但所有人都能成为土豆，走到哪里都会发芽。扔掉你的光环吧，重新做一颗土豆，就算渺小，却能处处发芽。一个人只有摆脱了历史的束缚，才能不断地迈向未来。

心灵悄悄话
XIN LING QIAO QIAO HUA >>>

只有把自己看轻些，才会不断否定自己，不断加强自身修养，才能不断地充实、完善自我，缔造完美的职业生涯。如果你老是把自己当作珍珠，那么，你最后的结果可能就是别人眼里的沙子。